Bayesian
Statistics

만화로 쉽게 배우는 베이즈 통계학

저자 **다카하시 신**

BM (주)도서출판 **성안당**
日本 옴사 · 성안당 공동 출간

만화로 쉽게 배우는 베이즈 통계학

Original Japanese language edition
Manga de Wakaru Bayes Toukeigaku
By Shin Takahashi
Illustration by Yuho Ueji
Produced by Verte Corp.
Copyright © 2017 by Shin Takahashi, Yuho Ueji and Verte Corp.
Published by Ohmsha, Ltd.
This Korean Language edition co-published by Ohmsha, Ltd. and Sung An Dang, Inc.
Copyright © 2018~2025
All rights reserved.

머리말

이 책은 **베이즈 통계학**을 설명하는 책입니다.

이 책의 대상 독자는 다음과 같습니다.
- 베이즈 통계학을 배우려는 분
- 일반 통계학과 베이즈 통계학의 차이를 제대로 이해하려는 분
- 이공계열 대학에 진학하고 싶은 고등학생

이 책을 힘들이지 않고 이해하기 위해서는 고등학교 수준의 이과 지식이 필요합니다. 일반적인 통계학이라고 불러야 할지, 기존의 통계학이라고 불러야 할지, 상식적인 통계학이라고 불러야 할지는 차치하고, 전문 지식이 없어도 읽는 데는 그다지 무리가 없을 것입니다.

이 책의 구성은 다음과 같습니다.

- 제1장 베이즈 통계학이란?
- 제2장 기초지식
- 제3장 가능도 함수
- 제4장 베이즈 정리
- 제5장 마르코프 연쇄 몬테카를로 방법
- 제6장 마르코프 연쇄 몬테카를로 방법의 활용 예

제4장까지는 그다지 어렵지 않지만 제5장부터는 난이도가 상당히 높습니다.
각 장은 기본적으로 다음과 같이 구성되어 있습니다.

- 만화 부분
- 만화 부분을 보충 설명하는 부분

보충 설명 부분이 없는 장도 있습니다. 만화 부분만 읽어도 그 다음 장을 읽는 데 별 어려움이 없도록 설명에 심혈을 기울였습니다.

이 책에는 계산 과정이 상세하게 기술되어 있습니다. 수학을 잘 하는 분은 찬찬히 살펴보면 좋을

것입니다. 수학을 잘 못하는 분이나 시간이 없는 분은 훑어보는 정도로 봐도 괜찮습니다. '어찌됐든 이런 순서를 밟으면 답을 구할 수 있는 것 같다'는 느낌으로 대강의 흐름만 파악하면 됩니다. 지금 당장 이해하려고 무리할 필요는 없습니다. 초조해 하지 말고 편안한 마음으로 읽되, 반드시 수식은 읽고 넘어가길 바랍니다.

마지막으로 이 책을 집필할 수 있도록 기회를 주신 옴사 여러분에게 감사의 말씀을 드립니다. 특히 저의 첫 저서인 〈만화로 쉽게 배우는 통계학〉 때부터 담당을 해 주신 쓰쿠이 야스히코 씨에게 깊은 감사의 말씀을 전합니다. 또한 원고의 만화를 담당해 주신 우에지 유호 씨와 Verte사에게도 감사의 말씀을 드립니다.

2017년 11월

다카하시 신(高橋 信)

| 차례 |

서장 베이즈 통계학을 배우고 싶어! ···················· 1

제1장 베이즈 통계학이란 ···················· 11
   1. 베이즈 통계학 ···················· 12
   2. 일반 통계학과 베이즈 통계학의 차이 ···················· 18

제2장 **기초지식** ···················· 25
   1. 기댓값과 분산과 표준편차 ···················· 29
      1.1 기댓값 ···················· 29
      1.2 분산과 표준편차 ···················· 30
   2. 확률분포 ···················· 32
      2.1 균등분포 ···················· 33
      2.2 이항분포 ···················· 34
      2.3 다항분포 ···················· 40
      2.4 균등분포 ···················· 48
      2.5 정규분포 ···················· 49
      2.6 스튜던트 t분포 ···················· 50
      2.7 역감마분포 ···················· 51

3. 그 외의 확률분포 · 55
  3.1 음이항분포 · 55
  3.2 포아송 분포 · 57
  3.3 지수분포 · 60
  3.4 베타 분포 · 62

제3장 가능도 함수 · 63

1. 가능도 · 68
  1.1 큰 수의 법칙 · 68
  1.2 쿨백 라이블러 발산 · 72
  1.3 가능도 · 77

2. 가능도 함수 · 79
  2.1 다항분포의 가능도 함수 · 79
  2.2 정규분포의 가능도 함수 · 85

3. 그 외의 가능도 함수 · 93
  3.1 이항분포의 가능도 함수 · 93
  3.2 포아송 분포의 가능도 함수 · 95

제4장 베이즈 정리 · 97

1. 베이즈 정리 · 102
  1.1 조건부 확률 · 102
  1.2 동시확률 · 105
  1.3 베이즈 정리 · 106
  1.4 구체적 예 · 107

2. 사전 확률밀도 함수와 사후 확률밀도 함수 · · · · · · · · · · · · · · · · · · 112

제5장 마르코프 연쇄 몬테카를로 방법 ··············· 117

1. 몬테카를로 적분 ··· 124
   - 1.1 몬테카를로 적분 ·· 124
   - 1.2 연속형 확률변수의 기댓값과 분포 ····················· 127
2. 마르코프 연쇄 ··· 130
   - 2.1 마르코프 연쇄 ·· 130
   - 2.2 불변분포 ··· 132
3. 마르코프 연쇄 몬테카를로 방법 ································· 136
   - 3.1 마르코프 연쇄 몬테카를로 방법 ·························· 136
   - 3.2 메트로폴리스-헤이스팅스 알고리즘 ····················· 139
   - 3.3 깁스 표집 ··· 156
4. 자연스러운 공액사전분포 ·· 172

제6장 마르코프 연쇄 몬테카를로 방법의 활용 예 ··· 175

1. 두 모집단의 평균에 대한 추측 ···································· 176
   - 1.1 통계적 가설 검정 ··· 178
   - 1.2 통계적 가설 검정의 절차 ···································· 178
   - 1.3 통계적 가설 검정의 종류와 귀무가설과 대립가설 ········ 180
   - 1.4 구체적 예 ··· 181
2. 계층 베이즈 모델 ·· 186

 **부록**

1. 사전분포에 대한 전제와 사전분포 ·· 208
2. 수렴의 판단 ·· 216
   2.1 Geweke 방법 ·· 216
   2.2 Gelman-Rubin 방법 ·· 217

참고문헌 ·· 219
찾아보기 ·· 220

서장

베이즈 통계학을
배우고 싶어!

뭐, 한 교수님이 갑자기 부탁하셔서 나도 놀랐지만.

한 명 가르치나 두 명 가르치나 똑같으니까!

그럼 다시 인사할게. 강민아라고 해.

잘 해보자! 다솜아, 상률 군.

힐끗...

정다솜이라고 해요. 잘 부탁해요!

민상률입니다. 리서치 관련 일을 하고 있습니다.

잘 부탁드립니다.

꾸벅

제1장

베이즈 통계학이란

1. 베이즈 통계학
2. 일반 통계학과 베이즈 통계학의 차이

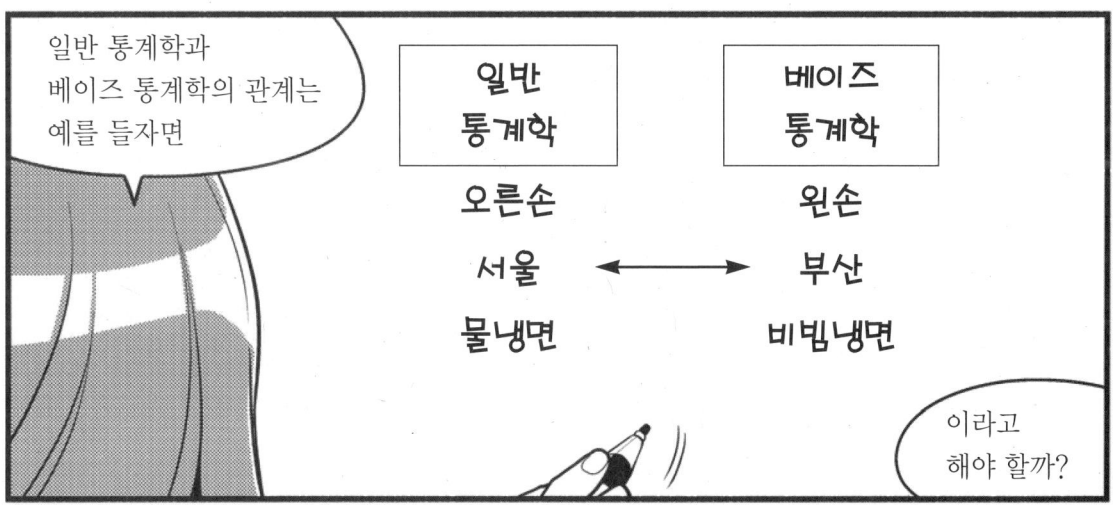

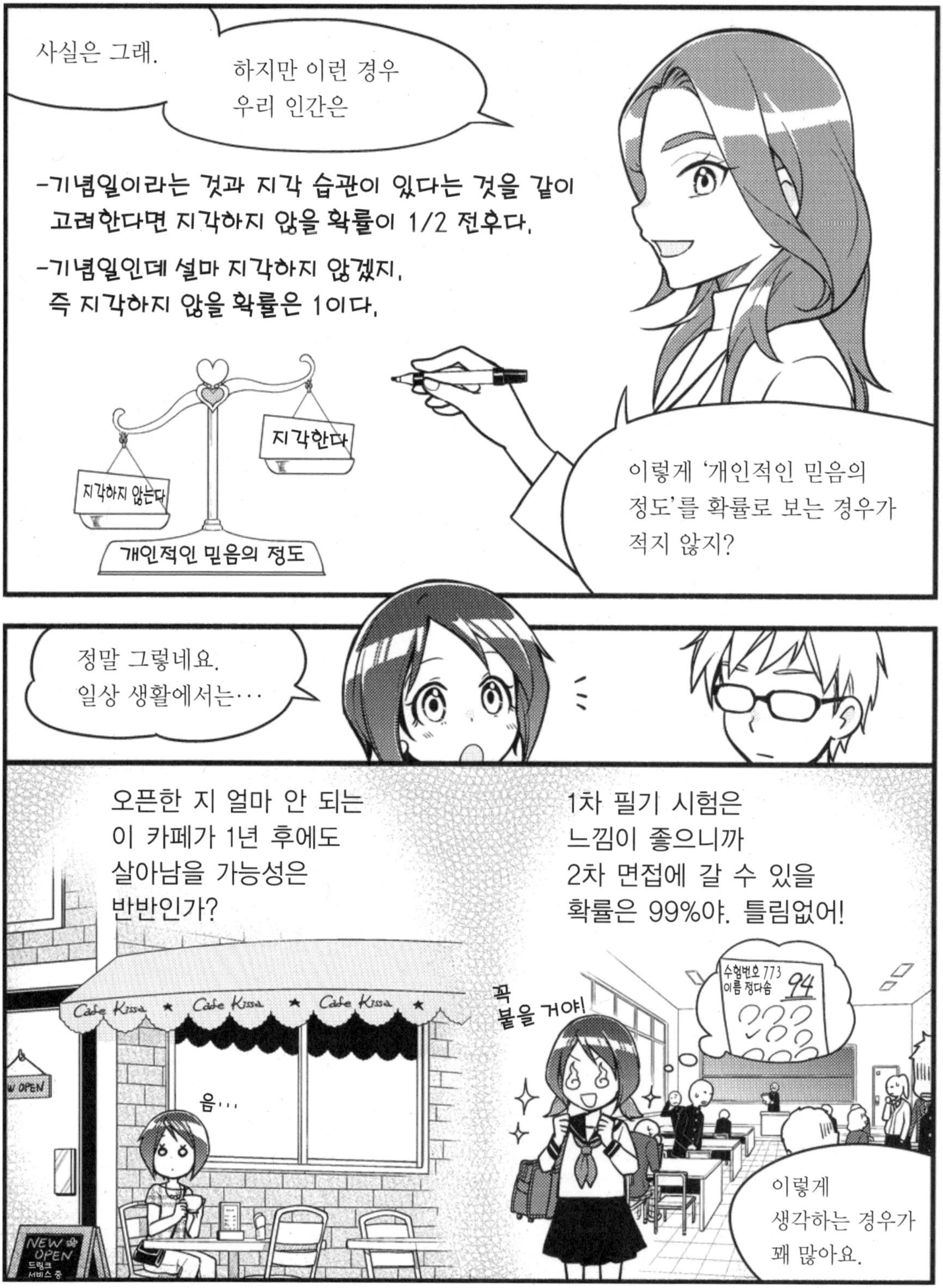

사실은 그래. 하지만 이런 경우 우리 인간은

- 기념일이라는 것과 지각 습관이 있다는 것을 같이 고려한다면 지각하지 않을 확률이 1/2 전후다.
- 기념일인데 설마 지각하지 않겠지, 즉 지각하지 않을 확률은 1이다.

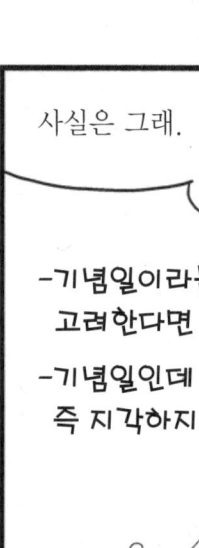

이렇게 '개인적인 믿음의 정도'를 확률로 보는 경우가 적지 않지?

정말 그렇네요. 일상 생활에서는…

오픈한 지 얼마 안 되는 이 카페가 1년 후에도 살아남을 가능성은 반반인가?

1차 필기 시험은 느낌이 좋으니까 2차 면접에 갈 수 있을 확률은 99%야. 틀림없어!

꼭 붙을 거야!

이렇게 생각하는 경우가 꽤 많아요.

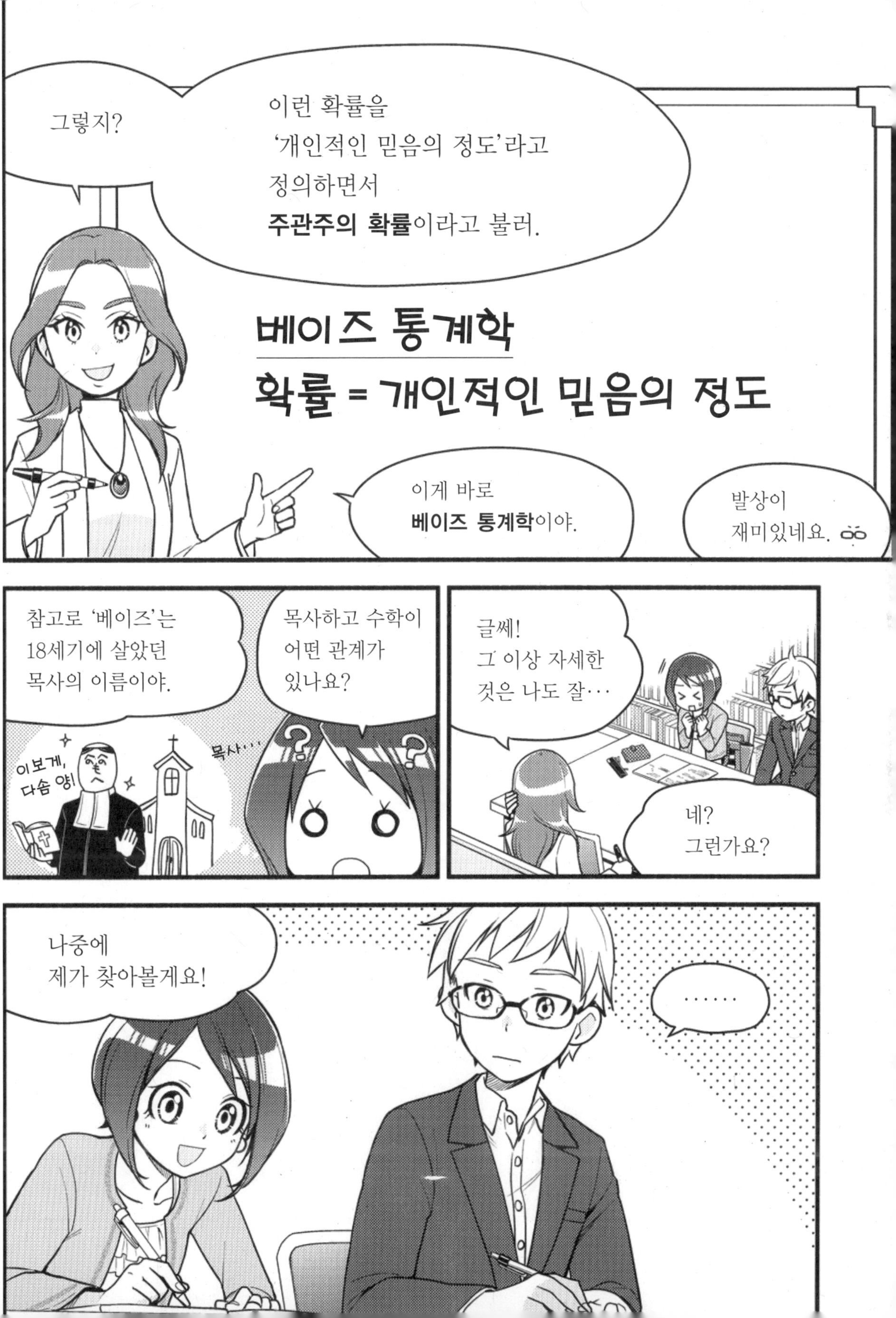

2. 일반 통계학과 베이즈 통계학의 차이

확률에 대한 개념이 다르다는 건 데이터를 분석할 때의 개념도 다르다는 것을 의미해.

예를 들어 볼게.

모집단은 '서울의 사립대학에 다니고 있는 하숙생'이고, 그 학생들의 한 달 식비 평균인 μ의 추정값을 구한다고 하자.

일반 통계학과 베이즈 통계학의 차이는

대강 말하자면 다음과 같아.

일반 통계학	베이즈 통계학
① 모집단에서 n명을 무작위로 추출해서 그 데이터의 평균인 $\bar{x}_1$을 구하고 n명을 모집단으로 돌려보낸다. 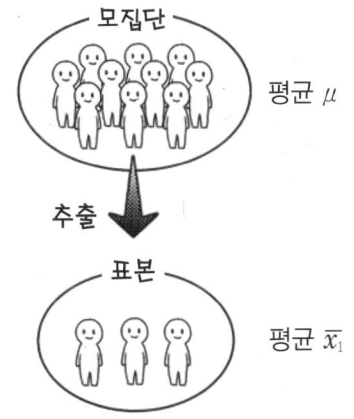	① 상식이나 경험 등을 바탕으로 가설을 세운다.  μ는 0원 이상 1000만원 이하야
	② 모집단에서 n명을 (무작위로) 추출하여 그 데이터의 평균인 $\bar{x}$를 구한다. 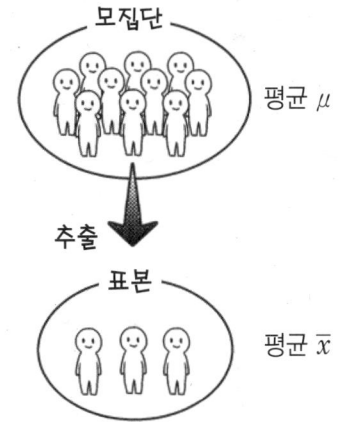
② ①의 행위를 T번 반복했다면 $\dfrac{\bar{x}_1+\bar{x}_2+\cdots+\bar{x}_T}{T}$ 은 대충 μ라고 간주할 수 있다고 알려져 있다. 하지만 ①의 행위를 여러 번 수행하는 것은 현실적으로 어려우므로 $T=1$로 정하고, ①에서 $\bar{x}_1$ 등의 정보를 바탕으로 μ의 추정값을 구한다. 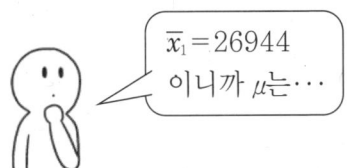 $\bar{x}_1 = 26944$ 이니까 μ는…	③ ①에서 세운 가설과 ②에서 구한 $\bar{x}$의 정보를 바탕으로 **베이즈 정리**라는 것을 사용하여 계산을 하고 결론을 내린다. 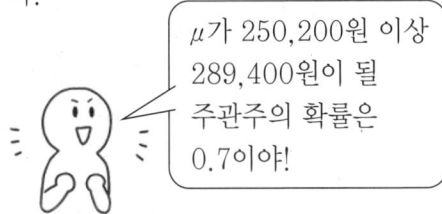 μ가 250,200원 이상 289,400원이 될 주관주의 확률은 0.7이야!

제1장 베이즈 통계학이란

제2장

기초지식

1. 기댓값과 분산과 표준편차
2. 확률분포
3. 그 외의 확률분포

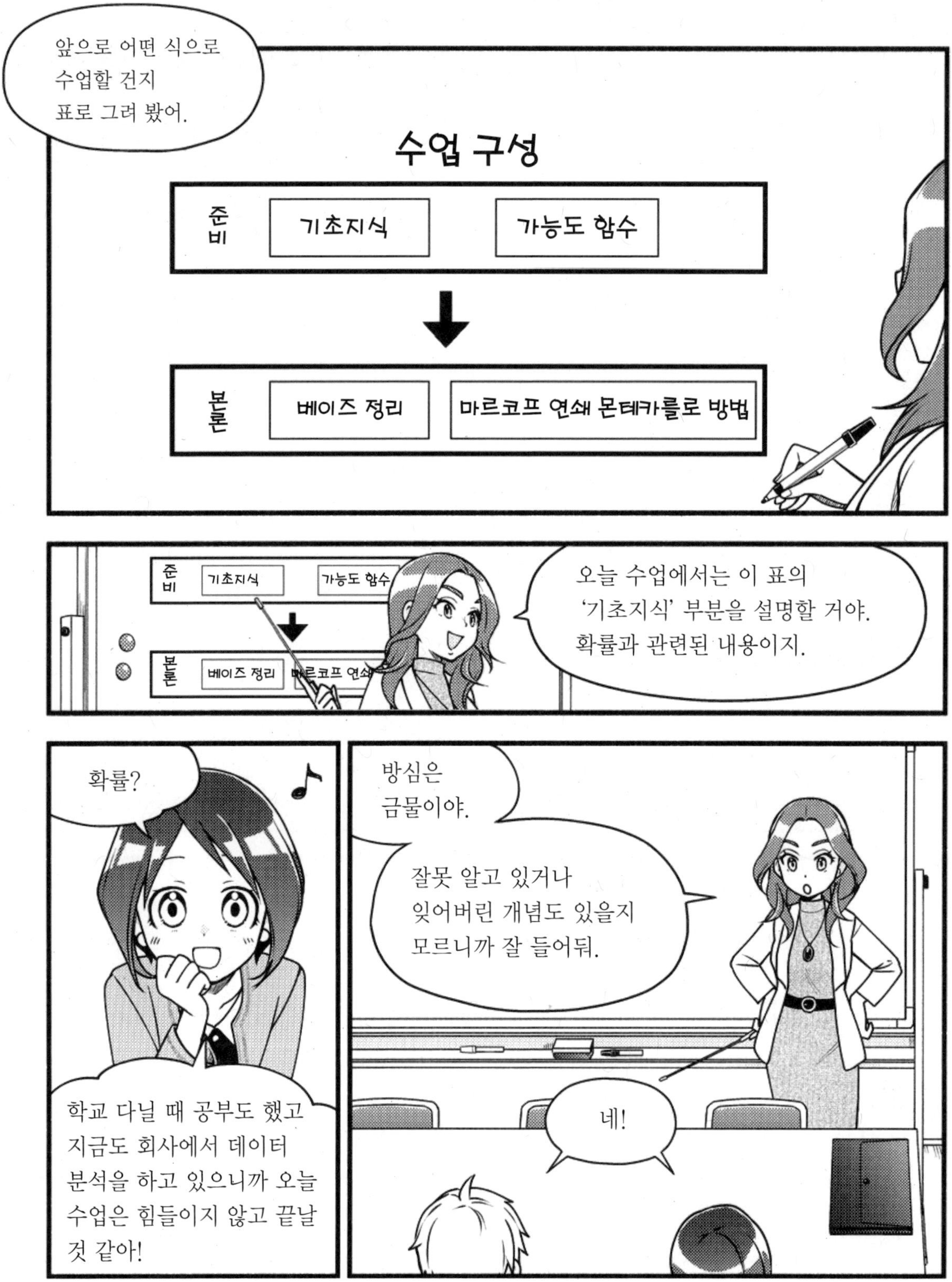

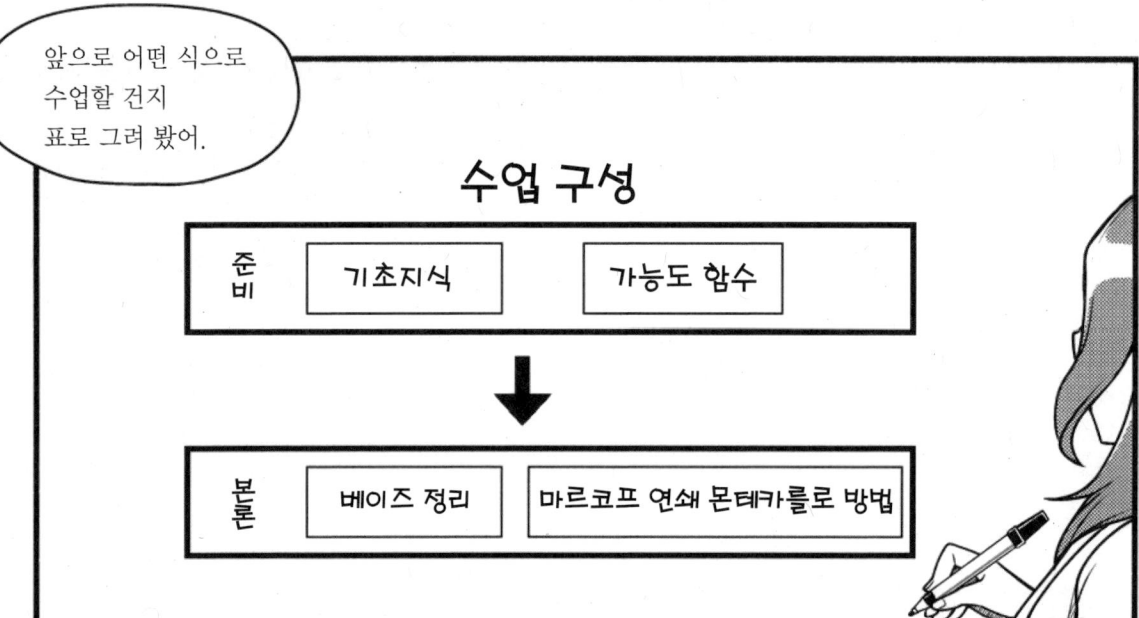

두목의 기지가 부하에게 어떤 영향을 줄지는 신경 쓰지 마.

신경 써야 할 것은 다음 식이 **'X의 기댓값'** 이나 'X의 **평균**' 이라는 거야.

X의 기댓값은 일반적으로 $E(X)$로 표기해.

$$E(X) = 60 \times P(X=60) + 20 \times P(X=20) + 10 \times P(X=10)$$
$$= 60 \times \frac{1}{4} + 20 \times \frac{1}{4} + 10 \times \frac{2}{4}$$
$$= \frac{60 \times 1 + 20 \times 1 + 10 \times 2}{4}$$
$$= 25$$

다음은 **분산**과 **표준편차**야.

1.2 분산과 표준편차

좀 전에 나온 기댓값도 앞으로 계속 나오니까 기억해 두고 있어.

계속해서 해적 5인방을 예로 들어 설명할게.

받을 수 있는 금화의 수 X	60	20	10
$(X - E(X))^2$	$(60-25)^2$	$(20-25)^2$	$(10-25)^2$
$P(X)$	$\frac{1}{4}$	$\frac{1}{4}$	$\frac{2}{4}$

다음 식을 'X의 **분산**'이라고 해. 일반적으로 V(X)라고 표기해.

$$V(X) = E((X - E(X))^2)$$
$$= (60-25)^2 \times P(X=60) + (20-25)^2 \times P(X=20) + (10-25)^2 \times P(X=10)$$
$$= (60-25)^2 \times \frac{1}{4} + (20-25)^2 \times \frac{1}{4} + (10-25)^2 \times \frac{2}{4}$$
$$= \frac{(60-25)^2 \times 1 + (20-25)^2 \times 1 + (10-25)^2 \times 2}{4}$$
$$= 425$$

그리고 다음 식을 'X의 **표준편차**'라고 해. D(X)라고 표기하지.

$$D(X) = \sqrt{V(X)} = \sqrt{425} = 20.6$$

분산의 제곱근이네요.

선생님!

제 기억으로는 표준편차의 의미는 '분포된 정도'라고 할까.

각 데이터가 '평균에서 얼마나 떨어져 있는지'를 나타내는 지표였는데요?

*Takahashi Shin 〈만화로 쉽게 배우는 통계학〉(옴사) 49쪽에 나온 내용입니다.

다솜이가 말하고 싶은 건 지금 내 설명은 그렇지 않은 것 같은 거지? 게다가 계산의 흐름이 다르다

그런 말이지?

네

그 부분은 다음에 설명할게.

방긋

2. 확률분포

아래에 보이는 3개의 표처럼 $X=x_i$와 $P(X=x_i)$ 쌍을 'X의 **확률분포**'라고 해. 그리고 X를 **확률변수**라고 하지.

받을 수 있는 금화의 수 X	60	20	10
$P(X)$	$\frac{1}{4}$	$\frac{1}{4}$	$\frac{2}{4}$

주사위를 던졌을 때 나올 눈 X	1	2	3	4	5	6
$P(X)$	$\frac{1}{6}$	$\frac{1}{6}$	$\frac{1}{6}$	$\frac{1}{6}$	$\frac{1}{6}$	$\frac{1}{6}$

100원 동전을 3개 던졌을 때 앞면이 나올 개수 X	0	1	2	3
$P(X)$	$\frac{1}{8}$	$\frac{3}{8}$	$\frac{3}{8}$	$\frac{1}{8}$

오늘은 교과서에 반드시 나오는 주요한 확률분포를 몇 개 소개할게.

바로 이것들이야.

- **균등분포**
- **이항분포**
- **다항분포**
- **정규분포**
- **스튜던트 t 분포**
- **역감마분포**

2.1 균등분포

여기를 보면
$$P(X=1)=P(X=2)=P(X=3)=P(X=4)=P(X=5)=P(X=6)=\frac{1}{6}$$
이라는 관계가 성립하지.

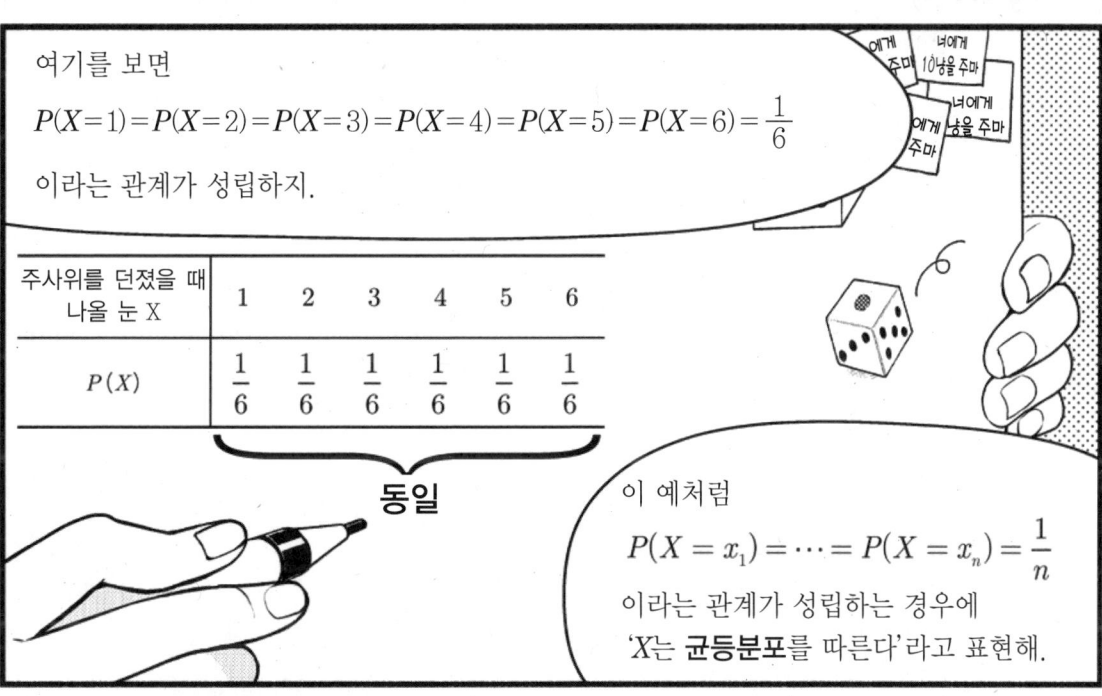

이 예처럼
$$P(X=x_1)=\cdots=P(X=x_n)=\frac{1}{n}$$
이라는 관계가 성립하는 경우에
'X는 **균등분포를 따른다**'라고 표현해.

2.2 이항분포

3번 뽑을 때 구슬이 나올 방법

	1번째	→	2번째	→	3번째		1번째	→	2번째	→	3번째
1	A	→	A	→	A	33	B2	→	A	→	A
2	A	→	A	→	B1	34	B2	→	A	→	B1
3	A	→	A	→	B2	35	B2	→	A	→	B2
4	A	→	A	→	C	36	B2	→	A	→	C
5	A	→	B1	→	A	37	B2	→	B1	→	A
6	A	→	B1	→	B1	38	B2	→	B1	→	B1
7	A	→	B1	→	B2	39	B2	→	B1	→	B2
8	A	→	B1	→	C	40	B2	→	B1	→	C
9	A	→	B2	→	A	41	B2	→	B2	→	A
10	A	→	B2	→	B1	42	B2	→	B2	→	B1
11	A	→	B2	→	B2	43	B2	→	B2	→	B2
12	A	→	B2	→	C	44	B2	→	B2	→	C
13	A	→	C	→	A	45	B2	→	C	→	A
14	A	→	C	→	B1	46	B2	→	C	→	B1
15	A	→	C	→	B2	47	B2	→	C	→	B2
16	A	→	C	→	C	48	B2	→	C	→	C
17	B1	→	A	→	A	49	C	→	A	→	A
18	B1	→	A	→	B1	50	C	→	A	→	B1
19	B1	→	A	→	B2	51	C	→	A	→	B2
20	B1	→	A	→	C	52	C	→	A	→	C
21	B1	→	B1	→	A	53	C	→	B1	→	A
22	B1	→	B1	→	B1	54	C	→	B1	→	B1
23	B1	→	B1	→	B2	55	C	→	B1	→	B2
24	B1	→	B1	→	C	56	C	→	B1	→	C
25	B1	→	B2	→	A	57	C	→	B2	→	A
26	B1	→	B2	→	B1	58	C	→	B2	→	B1
27	B1	→	B2	→	B2	59	C	→	B2	→	B2
28	B1	→	B2	→	C	60	C	→	B2	→	C
29	B1	→	C	→	A	61	C	→	C	→	A
30	B1	→	C	→	B1	62	C	→	C	→	B1
31	B1	→	C	→	B2	63	C	→	C	→	B2
32	B1	→	C	→	C	64	C	→	C	→	C

맞아.

그럼 3번 뽑을 동안 A 구슬이 나올 횟수를 X라고 하자.

앞의 상률 군 표에서 알 수 있듯이 예를 들어 A 구슬이 2번 나올 확률 $P(X=2)$는 $\frac{9}{64}$야.

64가지의 가능성 중 A 구슬이 2번 나오는 것은 9가지

여기서 $P(X=2)$는

$$P(X=2) = \frac{9}{64}$$
$$= 3 \times \frac{1}{16} \times \frac{3}{4}$$
$$= {}_3C_2 \left(\frac{1}{4}\right)^2 \left(\frac{3}{4}\right)^{3-2}$$

로 바꿔 쓸 수 있어

우연히 그런 거 아니고요?

아니. A 구슬이 나올 횟수가 0이든 1이든 3이든 상관 없이 반드시 이런 형태로 바꿔 쓸 수 있어.

표로 정리해 볼게.

3번 뽑아서 A 구슬이 0번 나올 확률	$P(X=0) = \frac{27}{64} = 1 \times 1 \times \frac{27}{64} = {}_3C_0 \left(\frac{1}{4}\right)^0 \left(\frac{3}{4}\right)^{3-0}$
3번 뽑아서 A 구슬이 1번 나올 확률	$P(X=1) = \frac{27}{64} = 3 \times \frac{1}{4} \times \frac{9}{16} = {}_3C_1 \left(\frac{1}{4}\right)^1 \left(\frac{3}{4}\right)^{3-1}$
3번 뽑아서 A 구슬이 2번 나올 확률	$P(X=2) = \frac{9}{64} = 3 \times \frac{1}{16} \times \frac{3}{4} = {}_3C_2 \left(\frac{1}{4}\right)^2 \left(\frac{3}{4}\right)^{3-2}$
3번 뽑아서 A 구슬이 3번 나올 확률	$P(X=3) = \frac{1}{64} = 1 \times \frac{1}{64} \times 1 = {}_3C_3 \left(\frac{1}{4}\right)^3 \left(\frac{3}{4}\right)^{3-3}$

진짜네!

이제 본론이야.

X가 취할 수 있는 값은 0부터 n까지의 정수이고

$$P(X=x) = {}_nC_x q^x (1-q)^{n-x}$$

이라는 관계가 성립하는 경우

'X는 n이 ★이고, q가 ▲인 **이항분포**를 따른다'고 표현해.

참고로 이항분포에서 기댓값과 분산은 다음과 같습니다.
- $E(X) = nq$
- $V(X) = nq(1-q)$

이 식이 성립한다는 것을 추첨 이벤트를 예로 들어 다음 페이지에서 확인해 봅시다.

◆ 기댓값 $E(X)$

$$E(X) = 0 \times P(X=0) + 1 \times P(X=1) + 2 \times P(X=2) + 3 \times P(X=3)$$
$$= 1 \times P(X=1) + 2 \times P(X=2) + 3 \times P(X=3)$$
$$= 1 \times {}_3C_1 \left(\frac{1}{4}\right)^1 \left(\frac{3}{4}\right)^{3-1} + 2 \times {}_3C_2 \left(\frac{1}{4}\right)^2 \left(\frac{3}{4}\right)^{3-2} + 3 \times {}_3C_3 \left(\frac{1}{4}\right)^3 \left(\frac{3}{4}\right)^{3-3}$$
$$= 1 \times \frac{3!}{1! \times (3-1)!} \left(\frac{1}{4}\right)^1 \left(\frac{3}{4}\right)^{3-1} + 2 \times \frac{3!}{2! \times (3-2)!} \left(\frac{1}{4}\right)^2 \left(\frac{3}{4}\right)^{3-2} + 3 \times \frac{3!}{3! \times (3-3)!} \left(\frac{1}{4}\right)^3 \left(\frac{3}{4}\right)^{3-3}$$
$$= \frac{3!}{0! \times (3-1)!} \left(\frac{1}{4}\right)^1 \left(\frac{3}{4}\right)^{3-1} + \frac{3!}{1! \times (3-2)!} \left(\frac{1}{4}\right)^2 \left(\frac{3}{4}\right)^{3-2} + \frac{3!}{2! \times (3-3)!} \left(\frac{1}{4}\right)^3 \left(\frac{3}{4}\right)^{3-3}$$
$$= 3 \times \frac{1}{4} \times \left\{ \frac{2!}{0! \times (3-1)!} \left(\frac{1}{4}\right)^0 \left(\frac{3}{4}\right)^{3-1} + \frac{2!}{1! \times (3-2)!} \left(\frac{1}{4}\right)^1 \left(\frac{3}{4}\right)^{3-2} + \frac{2!}{2! \times (3-3)!} \left(\frac{1}{4}\right)^2 \left(\frac{3}{4}\right)^{3-3} \right\}$$
$$= 3 \times \frac{1}{4} \times \left\{ \frac{2!}{0! \times (2-0)!} \left(\frac{1}{4}\right)^0 \left(\frac{3}{4}\right)^{2-0} + \frac{2!}{1! \times (2-1)!} \left(\frac{1}{4}\right)^1 \left(\frac{3}{4}\right)^{2-1} + \frac{2!}{2! \times (2-2)!} \left(\frac{1}{4}\right)^2 \left(\frac{3}{4}\right)^{2-2} \right\}$$
$$= 3 \times \frac{1}{4} \times \left\{ {}_2C_0 \left(\frac{1}{4}\right)^0 \left(\frac{3}{4}\right)^{2-0} + {}_2C_1 \left(\frac{1}{4}\right)^1 \left(\frac{3}{4}\right)^{2-1} + {}_2C_2 \left(\frac{1}{4}\right)^2 \left(\frac{3}{4}\right)^{2-2} \right\}$$
$$= 3 \times \frac{1}{4} \times 1$$
$$= 3 \times \frac{1}{4}$$
$$= nq$$

◆ 분산 $V(X)$

설명에 시간이 걸리므로 자세한 내용은 생략하지만

$$V(X) = E(X^2) - \{E(X)\}^2$$
$$= E(X^2 - X) + E(X) - \{E(X)\}^2$$

이라는 관계가 성립한다. 맨 아랫줄의 제1항은 다음과 같다.

$$E(X^2 - X) = (0^2 - 0) \times P(X=0) + (1^2 - 1) \times P(X=1) + (2^2 - 2) \times P(X=2) + (3^2 - 3) \times P(X=3)$$
$$= (2^2 - 2) \times P(X=2) + (3^2 - 3) \times P(X=3)$$
$$= 2(2-1) \times {}_3C_2 \left(\frac{1}{4}\right)^2 \left(\frac{3}{4}\right)^{3-2} + 3(3-1) \times {}_3C_3 \left(\frac{1}{4}\right)^3 \left(\frac{3}{4}\right)^{3-3}$$
$$= 2(2-1) \times \frac{3!}{2! \times (3-2)!} \left(\frac{1}{4}\right)^2 \left(\frac{3}{4}\right)^{3-2} + 3(3-1) \times \frac{3!}{3! \times (3-3)!} \left(\frac{1}{4}\right)^3 \left(\frac{3}{4}\right)^{3-3}$$
$$= \frac{3!}{0! \times (3-2)!} \left(\frac{1}{4}\right)^2 \left(\frac{3}{4}\right)^{3-2} + \frac{3!}{1! \times (3-3)!} \left(\frac{1}{4}\right)^3 \left(\frac{3}{4}\right)^{3-3}$$
$$= \frac{3!}{0! \times (1-0)!} \left(\frac{1}{4}\right)^2 \left(\frac{3}{4}\right)^{1-0} + \frac{3!}{1! \times (1-1)!} \left(\frac{1}{4}\right)^3 \left(\frac{3}{4}\right)^{1-1}$$
$$= 3 \times 2 \times \left(\frac{1}{4}\right)^2 \times \left\{ \frac{1!}{0! \times (1-0)!} \left(\frac{1}{4}\right)^0 \left(\frac{3}{4}\right)^{1-0} + \frac{1!}{1! \times (1-1)!} \left(\frac{1}{4}\right)^1 \left(\frac{3}{4}\right)^{1-1} \right\}$$
$$= 3 \times 2 \times \left(\frac{1}{4}\right)^2 \times \left\{ {}_1C_0 \left(\frac{1}{4}\right)^0 \left(\frac{3}{4}\right)^{1-0} + {}_1C_1 \left(\frac{1}{4}\right)^1 \left(\frac{3}{4}\right)^{1-1} \right\}$$
$$= 3 \times 2 \times \left(\frac{1}{4}\right)^2 \times 1$$
$$= 3 \times 2 \times \left(\frac{1}{4}\right)^2$$
$$= n(n-1)q^2$$

따라서 $V(X)$는 다음과 같다.

$$V(X) = E(X^2 - X) + E(X) - \{E(X)\}^2$$
$$= n(n-1)q^2 + nq - (nq)^2$$
$$= n^2q^2 - nq^2 + nq - (nq)^2$$
$$= nq(1-q)$$

2.3 다항분포

추첨 예를 계속할게.

3번 뽑았을 때의 결과가
'A가 2번이고 B가 1번 그리고 C가 0번'일
확률을 $P(X_A=2, X_B=1, X_C=0)$로
표기한다고 하자.

상률 군 표를 보면
$P(X_A=2, X_B=1, X_C=0) = \dfrac{6}{64}$ 야

3번 뽑을 때 구슬이 나오는 방법

※35쪽을 참조

바꿔 쓰면 다음과 같아.

$$P(X_A=2, X_B=1, X_C=0) = \dfrac{6}{64}$$

$$= 3 \times \dfrac{1}{16} \times \dfrac{2}{4} \times 1$$

$$= 3 \times \left(\dfrac{1}{4}\right)^2 \times \left(\dfrac{2}{4}\right)^1 \times \left(\dfrac{1}{4}\right)^0$$

$$= 3 \times \left(\dfrac{1}{4}\right)^2 \times 1 \times \left(\dfrac{2}{4}\right)^1 \times 1 \times \left(\dfrac{1}{4}\right)^0$$

$$= {}_3C_2 \times \left(\dfrac{1}{4}\right)^2 \times {}_{3-2}C_1 \times \left(\dfrac{2}{4}\right)^1 \times {}_{3-2-1}C_0 \times \left(\dfrac{1}{4}\right)^0$$

$$\begin{aligned}{}_3C_2 \times {}_{3-2}C_1 \times {}_{3-2-1}C_0 \\ = \dfrac{3!}{2! \times (3-2)!} \times \dfrac{(3-2)!}{1! \times (3-2-1)!} \times \dfrac{(3-2-1)!}{0! \times (3-2-1-0)!} \\ = \dfrac{3!}{2! \times 1! \times 0!}\end{aligned}$$

$$= \dfrac{3!}{2! \times 1! \times 0!} \left(\dfrac{1}{4}\right)^2 \left(\dfrac{2}{4}\right)^1 \left(\dfrac{1}{4}\right)^0$$

이렇게 바꿔 쓸 수 있다는 건…

우연이 아니라는 거네요?

맞아, 반드시

$$P(X_A = x_A, X_B = x_B, X_C = x_C) = \frac{(x_A + x_B + x_C)!}{x_A! \times x_B! \times x_C!} \left(\frac{1}{4}\right)^{x_A} \left(\frac{2}{4}\right)^{x_B} \left(\frac{1}{4}\right)^{x_C}$$

으로 바꿔 쓸 수 있어

다시 말해, X_i가 취할 수 있는 값이 0에서 n까지의 정수이고,

$$P(X_1 = x_1, \cdots, X_k = x_k) = \frac{n!}{x_1! \times \cdots \times x_k!} q_1^{x_1} \cdots q_k^{x_k}$$

$$(n = x_1 + \cdots + x_k)$$

라는 관계가 성립하는 경우

'$X_1, \cdots, X_k$는 n이 ★, q_1이 ▲이고… q_k가 ◆인 **다항분포**를 따른다'

고 표현해.

이항분포의 확대 버전 같네요.

제2장 기초지식 41

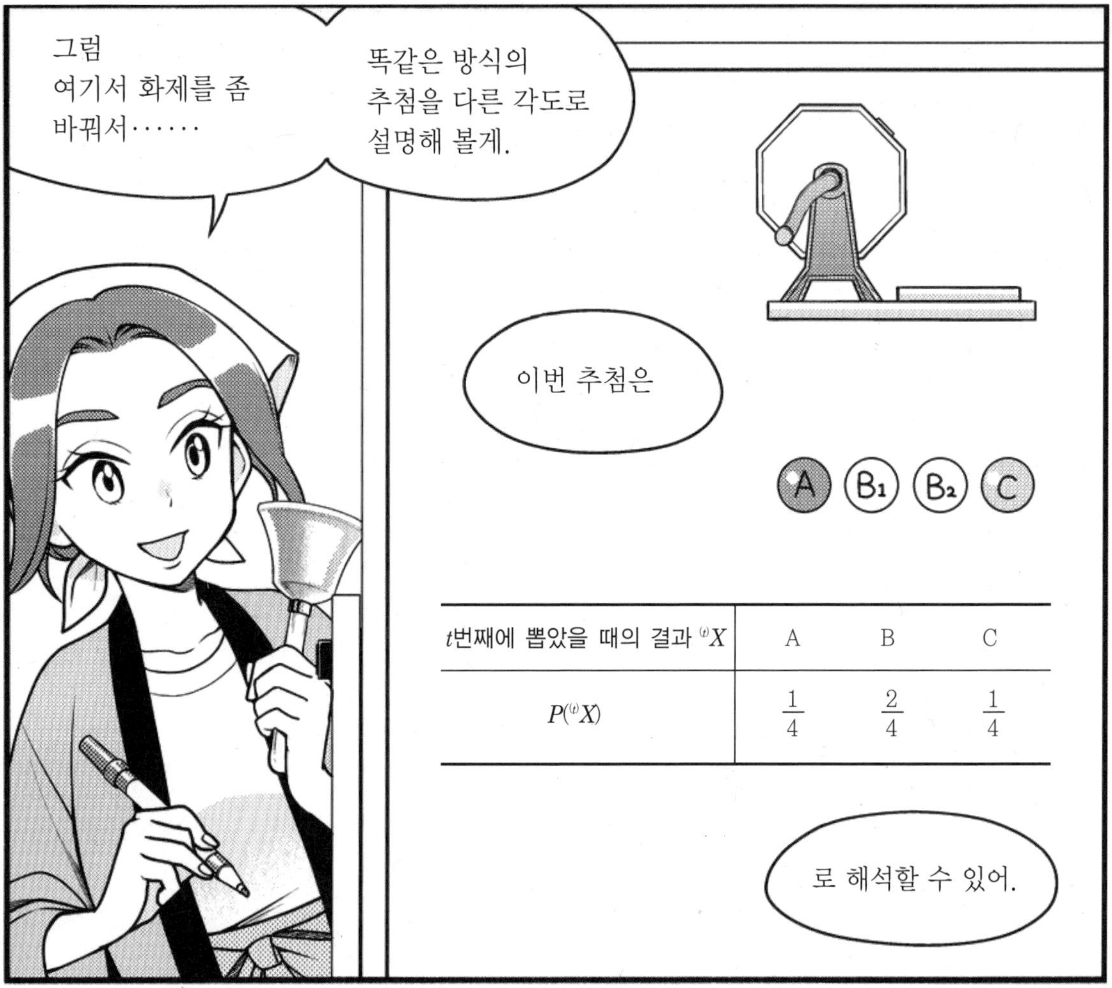

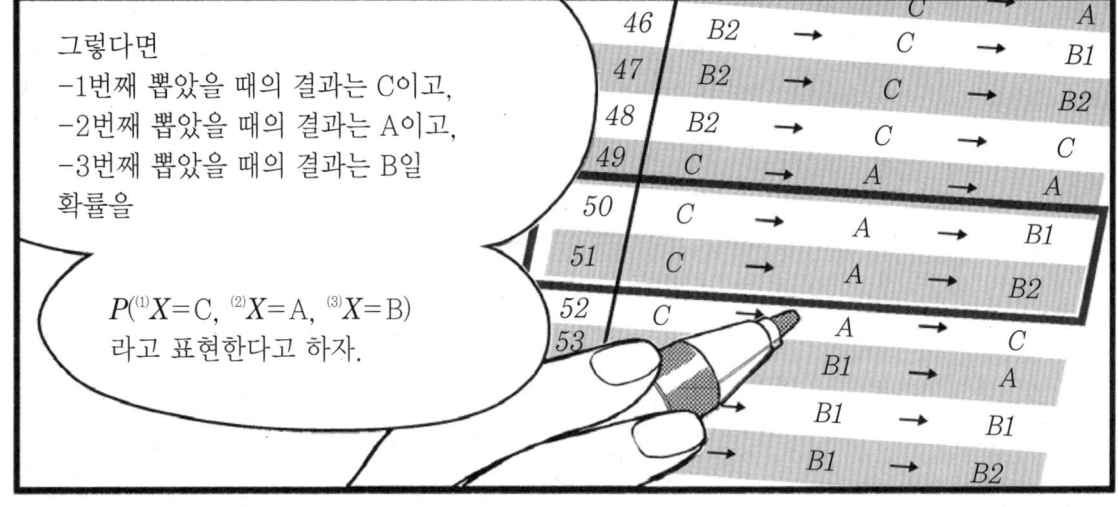

이 확률은
상률 군의 표에서 보면
$\frac{2}{64}$인 동시에

$$P(^{(1)}X = C, {}^{(2)}X = A, {}^{(3)}X = B) = \frac{2}{64}$$
$$= \frac{1}{4} \times \frac{1}{4} \times \frac{2}{4}$$
$$= P(^{(1)}X = C) \times P(^{(2)}X = A) \times P(^{(3)}X = B)$$

으로 바꿔 쓸 수 있어.

마찬가지로
'B → B → A'도

$$P(^{(1)}X = B, {}^{(2)}X = B, {}^{(3)}X = A) = \frac{4}{64}$$
$$= \frac{2}{4} \times \frac{2}{4} \times \frac{1}{4}$$
$$= P(^{(1)}X = B) \times P(^{(2)}X = B) \times P(^{(3)}X = A)$$

으로 바꿔 쓸 수 있어.

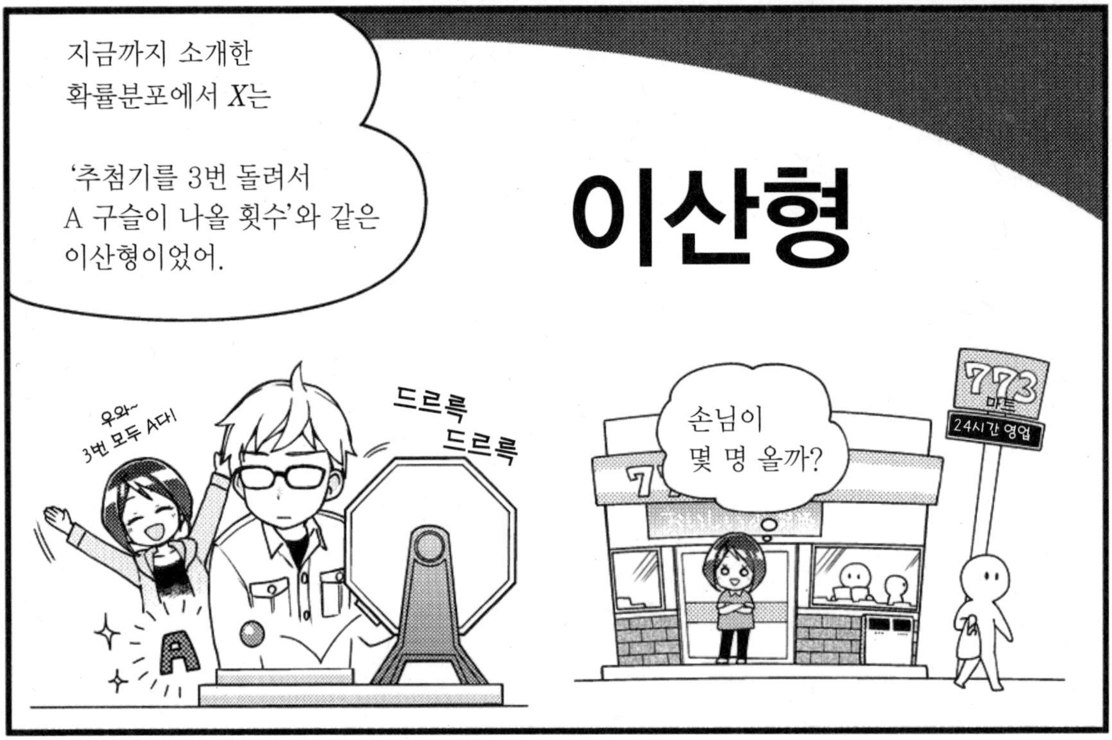

지금부터 소개할 확률분포에서 X는

'직경이 2.7[mm]인 나사를 제조하는 기계로 만든 나사의 실제 직경' 과 같은 연속형이야.

X가 연속형인 확률분포를 소개하기 전에 주의해야 할 점이 5가지 있습니다.

주의점 1

n이 무한대인 경우의 $\left[1+\dfrac{1}{n}\right]^n$을 **네이피어의 수**라고 하며 e로 표기합니다.
네이피어수는 무리수로 다음과 같습니다.
$e = 2.718281\cdots$
참고로 '네이피어'는 사람 이름입니다.

제2장 기초지식 45

주의점 2

수학에서는 판독하기 어려운 상황을 피하기 위해 e^x를 exp(x)로 표기하는 경우가 있습니다. 예를 들어 $e^{-\frac{(x-\mu)^2}{2\sigma^2}}$을 $\exp\left[-\frac{(x-\mu)^2}{2\sigma^2}\right]$으로 표기합니다.

주의점 3

아래 그래프에서 음영 부분의 면적은 다음과 같이 표기합니다.

$$\int_a^b f(x)dx$$

'a에서 b까지의 $f(x)$의 **정적분**'이라고 합니다.

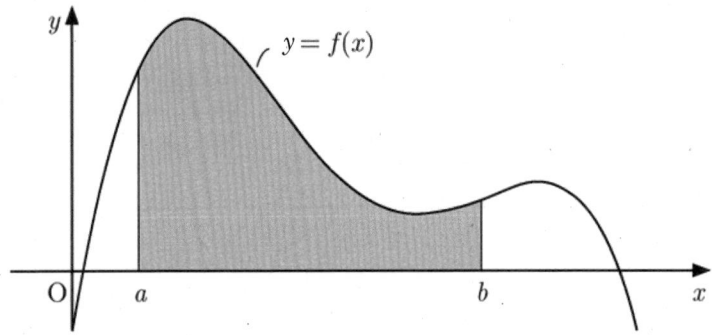

주의점 4

X는 연속형 확률변수이며, '직경 2.7[mm]인 나사를 제조하는 기계로 만들어진 나사의 실제 직경'이라고 합시다. 수학에서는 다음과 같이 생각합니다.

$P(X=2.7)=0$

즉, 2.6941…[mm]나 2.7038…[mm]인 나사가 만들어질지도 모르지만 2.7[mm]와 한치의 오차도 없는 나사를 만들 수는 없다고 생각하는 것입니다. 그렇다면 X에 대한 확률을 어떻게 구하는가 하면,

$P(2.69 \leq X \leq 2.71)$

과 같이 오차 범위를 가지게 합니다.

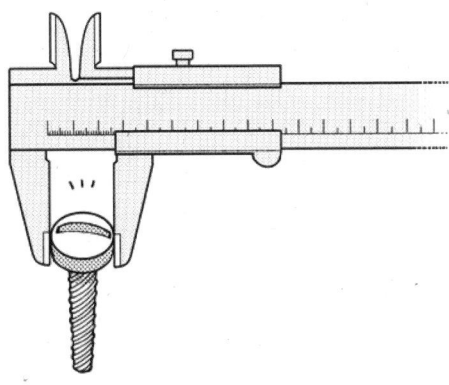

주의점 5

X는 연속형 확률변수라고 합시다. 다음 조건을 만족하는 $f(x)$를 'X의 **확률밀도 함수**'라고 합니다.

- $P(a \leq X \leq b) = \int_b^b f(x)dx$
- $\int_{-\infty}^{\infty} f(x)dx = 1$
- $f(x) \geq 0$

또한

$$\int_a^a f(x)dx = \int_b^b f(x)dx = 0$$

이기 때문에 다음과 같은 관계가 성립합니다.

$$\int_a^b f(x)dx = P(a \leq X \leq b) = P(a \leq X < b) = P(a < X \leq b) = P(a < X < b)$$

그럼 X가 연속형인 확률분포를 몇 가지 소개할게.

여기부터 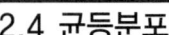 **연속형**

2.4 균등분포

X의 확률밀도 함수가 다음 식과 같으면

'X는 구간 $[a, b]$의 **균등분포**를 따른다'고 표현해.

$$f(x) = \begin{cases} a \leq x \leq b \text{의 경우} & \dfrac{1}{b-a} \\ \text{그 외의 경우는} & 0 \end{cases}$$

또한 $X \sim U(a, b)$로 표기하는 경우가 있어.

연속형에도 이산형에도 균등분포가 있네요.

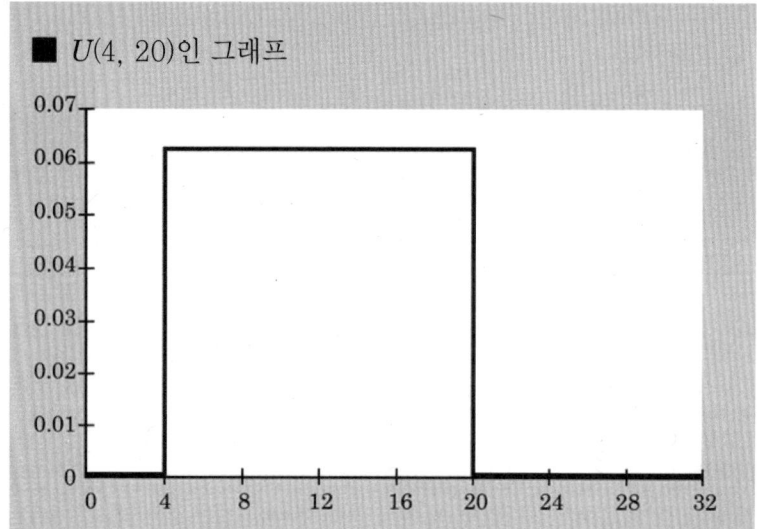

■ $U(4, 20)$인 그래프

2.5 정규분포

X의 확률밀도 함수가 다음 식과 같으면

'X는 μ가 ★이고 σ^2가 ▲인 **정규분포**를 따른다'고 하지.

$$f(x) = \frac{1}{\sqrt{2\pi}\sigma} \exp\left(-\frac{(x-\mu)^2}{2\sigma^2}\right)$$

또한 $X \sim N(\mu, \sigma^2)$로 표기하는 경우도 있어.

정규분포는 베이즈 통계학에서도 사용되나요?

응. 자주 나오지.

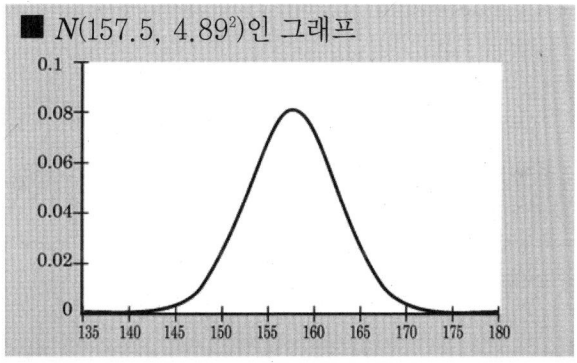

■ $N(157.5, 4.89^2)$인 그래프

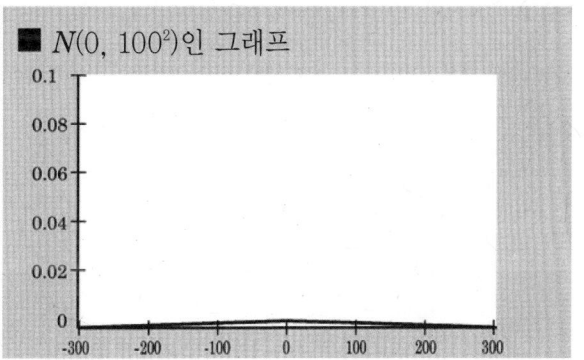

■ $N(0, 100^2)$인 그래프

제2장 기초지식 49

2.6 스튜던트 t분포

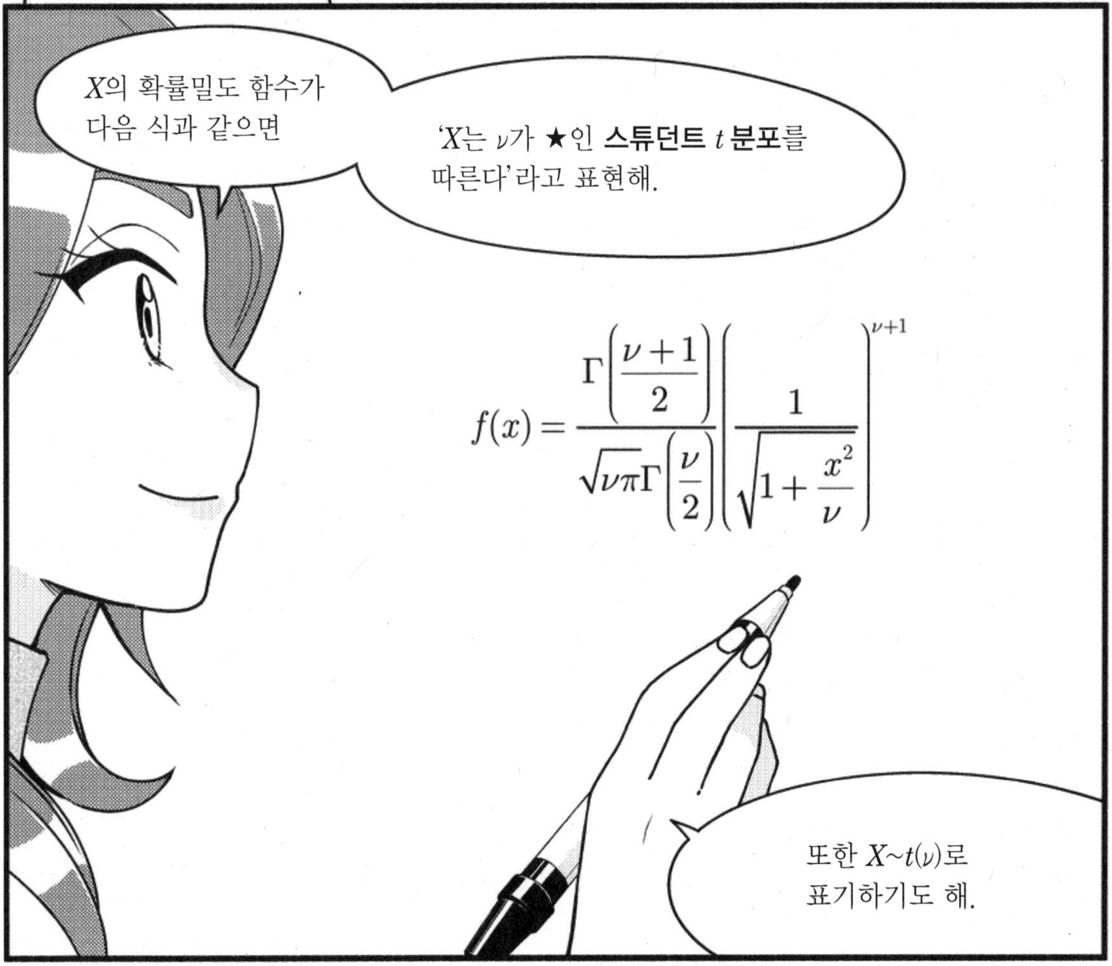

X의 확률밀도 함수가 다음 식과 같으면

'X는 ν가 ★인 **스튜던트 t 분포**를 따른다'라고 표현해.

$$f(x) = \frac{\Gamma\left(\dfrac{\nu+1}{2}\right)}{\sqrt{\nu\pi}\,\Gamma\left(\dfrac{\nu}{2}\right)} \left(\frac{1}{\sqrt{1+\dfrac{x^2}{\nu}}}\right)^{\nu+1}$$

또한 $X \sim t(\nu)$로 표기하기도 해.

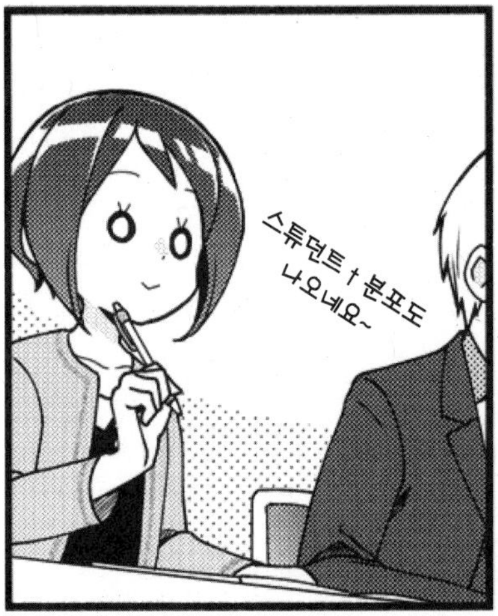

스튜던트 t 분포도 나오네요~

■ $t(9)$인 그래프

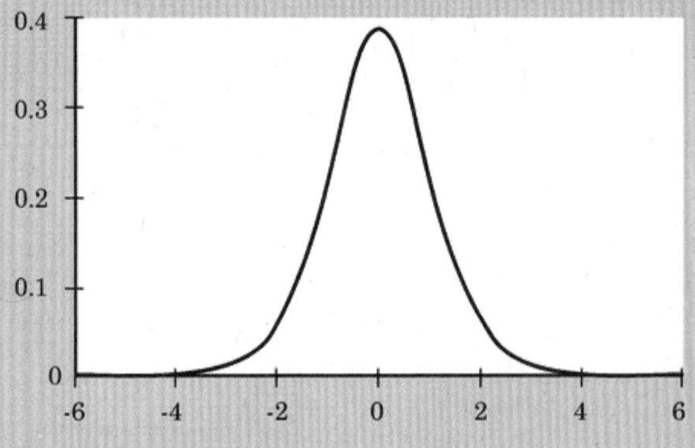

2.7 역감마분포

다음은 역감마분포야.

$\Gamma(\alpha)$는 **감마함수**라고 부르는 $\Gamma(\alpha) \int_0^\infty s^{\alpha-1} e^{-s} ds$라고 하자.

또한 α와 β는 0보다 큰 값이라고 하자.

X의 확률밀도 함수가 다음 식과 같으면

'X는 α가 ★이고 β가 ▲인 **역감마분포**를 따른다'고 표현해.

$$f(x) = \begin{cases} x > 0 \text{인 경우는} & \dfrac{\beta^\alpha}{\Gamma(\alpha)} x^{-(\alpha+1)} \exp\left(-\dfrac{\beta}{x}\right) \\ \text{그 외의 경우는} & 0 \end{cases}$$

음음

또한 $X \sim IG(\alpha, \beta)$로 표기하는 경우도 있어.

■ $IG(0.001, 0.001)$인 그래프

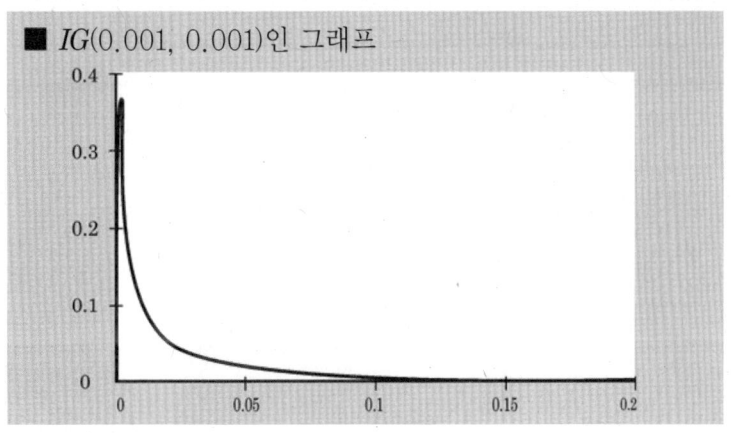

3. 그 외의 확률분포

여기서는
- 음이항분포
- 포아송 분포
- 지수분포
- 베타 분포

를 소개하겠습니다.

3.1 음이항분포

상률 씨 집 근처의 두부 가게에서는 매주 일요일에 추첨 이벤트를 열고 있습니다. 추첨기 안에는 당첨 구슬 1개와 꽝 구슬 3개, 전부 4개의 구슬이 들어 있습니다. 한 번 뽑을 때마다 구슬은 추첨기 안으로 다시 넣습니다.

추첨은 여러 번 도전할 수 있습니다. 이 경우 4번째에 당첨 구슬이 나올 때까지 꽝을 2번 뽑을 확률은 아래 표와 같습니다.

$$_{2+3}C_2 \left(\frac{3}{4}\right)^2 \left(\frac{1}{4}\right)^3 \times \frac{1}{4} = {}_{2+4-1}C_2 \left(\frac{3}{4}\right)^2 \left(\frac{1}{4}\right)^4$$

당첨 구슬이 4번째에 나올 때까지 꽝을 x번 뽑을 확률은 다음과 같습니다.

$$_{x+3}C_x \left(\frac{3}{4}\right)^x \left(\frac{1}{4}\right)^3 \times \frac{1}{4} = {}_{x+4-1}C_x \left(\frac{3}{4}\right)^x \left(\frac{1}{4}\right)^4$$

	1번째	→	2번째	→	3번째	→	4번째	→	5번째	→	6번째
1	당	→	당	→	당	→	×	→	×	→	당
2	당	→	당	→	×	→	당	→	×	→	당
3	당	→	당	→	×	→	×	→	당	→	당
4	당	→	×	→	당	→	당	→	×	→	당
5	당	→	×	→	당	→	×	→	당	→	당
6	당	→	×	→	×	→	당	→	당	→	당
7	×	→	당	→	당	→	당	→	×	→	당
8	×	→	당	→	당	→	×	→	당	→	당
9	×	→	당	→	×	→	당	→	당	→	당
10	×	→	×	→	당	→	당	→	당	→	당

이제 본론으로 들어가서 r번째에 당첨 구슬이 나올 때까지 꽝을 뽑을 횟수를 X라고 합시다. r번째에 당첨 구슬이 나올 때까지 꽝을 x번 뽑을 확률인 $P(X=x)$는 다음과 같습니다.

$$P(X=x) = {}_{x+r-1}C_x(1-q)^x q^r$$

이와 같은 관계가 성립하는 경우 'X는 r이 ★이고 q가 ▲인 **음이항분포**를 따른다'고 합니다.

이름이 '음이항분포'인 이유를 앞에서 말한 4번째에 당첨 구슬이 나올 때까지 꽝을 2번 뽑을 확률인 $P(X=2)$를 예로 들어 설명하면 다음과 같이 바꿔 쓸 수 있습니다.

$$P(X=2)$$
$$= {}_{2+4-1}C_2 \left(\frac{3}{4}\right)^2 \left(\frac{1}{4}\right)^4$$
$$= {}_5C_2(-1)^2 \left(-\frac{3}{4}\right)^2 \left(\frac{1}{4}\right)^4$$

$$\boxed{{}_5C_2(-1)^2 = \frac{5 \times 4}{2!}(-1)^2 = \frac{(-4) \times (-5)}{2!} = {}_{-4}C_2}$$

$$= {}_{-4}C_2 \left(-\frac{3}{4}\right)^2 \left(\frac{1}{4}\right)^4$$

$$= {}_{-4}C_2 \left(-\frac{3}{4}\right)^2 \left(\frac{1}{4}\right)^4 \times \frac{\left(\frac{1}{4}\right)^2}{\left(\frac{1}{4}\right)^2}$$

$$= {}_{-4}C_2 \left(-\frac{\frac{3}{4}}{\frac{1}{4}}\right)^2 \left(\frac{1}{4}\right)^{4+2}$$

$$= {}_{-4}C_2(-3)^2 4^{-(4+2)}$$

$$= {}_{-4}C_2(-3)^2\{1-(-3)\}^{-4-2}$$

◆ $r=4$이고 $q=\frac{1}{4}$인 경우의 그래프

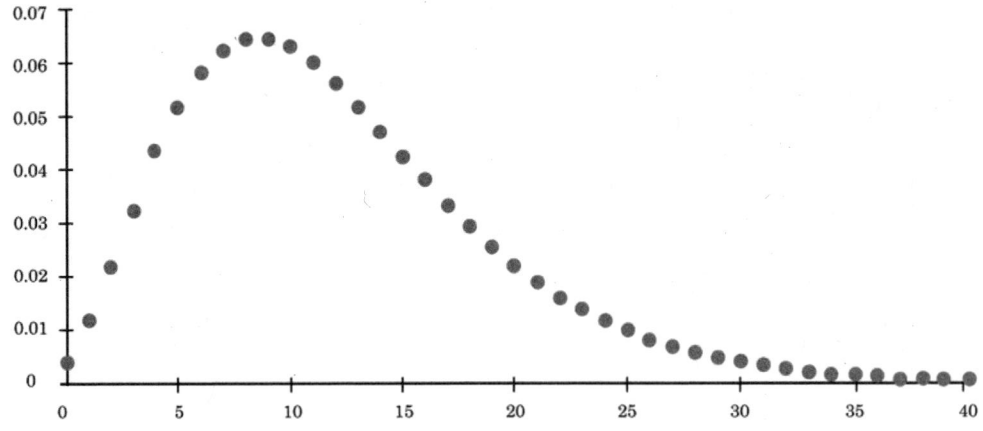

3.2 포아송 분포

서울에서 일어나는 화재 건수가 하루에 약 12건이라면 경험적으로 $\frac{1}{10^6}$일에 약 $\frac{12}{10^6}$건이라고 할 수 있습니다. 다시 말하면 하루라는 시간을 10^6 구간으로 분할한 임의의 1구간에서 1건의 화재가 일어날 확률은 약 $\frac{12}{10^6}$라는 것을 경험상 알고 있다고 합시다. 또한 임의의 인접한 구간인 $\left(\frac{k}{10^6}, \frac{k+1}{10^6}\right]$과 $\left(\frac{k+1}{10^6}, \frac{k+2}{10^6}\right]$에 있어서

- $\left(\frac{k}{10^6}, \frac{k+1}{10^6}\right]$에서 화재가 일어날지 아닐지
- $\left(\frac{k+1}{10^6}, \frac{k+2}{10^6}\right]$에서 화재가 일어날지 아닐지

는 관계가 없다고 합시다.

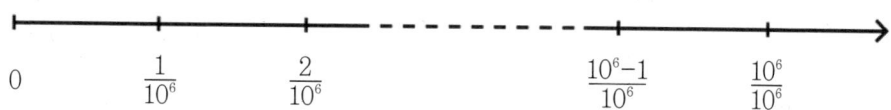

시점 0에서 1일 후(=24시간 후)까지의 구간 (0, 1]에서 서울에서 일어날 화재 건수를 X라고 합시다. 그렇다면 X는 n이 10^6이고 q가 $\frac{12}{10^6}$인 이항분포를 따른다고 할 수 있습니다. 즉 구간 (0, 1]에 서울에서 일어날 화재 건수가 x일 확률 $P(X=x)$는 다음과 같다고 할 수 있습니다.

$$P(X=x) = {}_{10^6}C_x \left(\frac{12}{10^6}\right)^x \left(1-\frac{12}{10^6}\right)^{10^6-x}$$

이 식은 다음 페이지와 같이 바꿔 쓸 수 있습니다.

$$P(X=x) = {}_{10^6}C_x \left(\frac{12}{10^6}\right)^x \left(1-\frac{12}{10^6}\right)^{10^6-x}$$

$$= \frac{10^6!}{x! \times (10^6-x)!} \left(\frac{12}{10^6}\right)^x \left(1-\frac{12}{10^6}\right)^{10^6-x}$$

$$= \frac{10^6 \times (10^6-1) \times \cdots \times (10^6-(x-1))}{x!} \left(\frac{12}{10^6}\right)^x \left(1-\frac{12}{10^6}\right)^{10^6-x}$$

$$= \left\{1 \times \left(1-\frac{1}{10^6}\right) \times \cdots \times \left(1-\frac{x-1}{10^6}\right)\right\} \times \frac{12^x}{x!} \times \left(1-\frac{12}{10^6}\right)^{10^6} \times \left(1-\frac{12}{10^6}\right)^{-x}$$

● 제1항

$$1 \times \left(1-\frac{1}{10^6}\right) \times \cdots \times \left(1-\frac{x-1}{10^6}\right) \approx 1 \times (1-0) \times \cdots \times (1-0) = 1$$

● 제3항

$$\left(1-\frac{12}{10^6}\right)^{10^6}$$

$$\left(\frac{10^6}{10^6-12}\right)^{-10^6}$$

$$\left(1+\frac{12}{10^6-12}\right)^{-10^6}$$

$$\left(1+\frac{1}{\frac{10^6}{12}-1}\right)^{-10^6}$$

$$\longrightarrow \left\{\left(1+\frac{1}{\frac{10^6}{12}-1}\right) \times \left(1+\frac{1}{\frac{10^6}{12}-1}\right)^{\frac{10^6}{12}-1}\right\}^{-12}$$

$$\approx \{(1+0) \times e\}^{-12}$$
$$= e^{-12}$$

● 제4항

$$\left(1-\frac{12}{10^6}\right)^{-x} \approx (1-0)^{-x} = 1$$

$$\approx 1 \times \frac{12^x}{x!} \times e^{-12} \times 1$$

$$= \frac{12^x}{x!} e^{-12}$$

즉, X가 취할 수 있는 값이 0 이상의 정수이고

$$P(X=x) = \frac{12^x}{x!} e^{-12}$$

의 관계가 성립하는 경우 'X는 λ가 12인 **포아송 분포**를 따른다'고 표현합니다. 포아송 분포는 지금 예에서 알 수 있듯이

$$P(X=x) = {}_nC_x q^x (1-q)^{n-x}$$

라는 이항분포에서 n이 상당히 크고 q가 상당히 작은 경우라고 할 수 있습니다.

포아송 분포에서 기댓값과 분산은 이항분포의 기댓값과 분산을 설명한 38~39쪽을 바탕으로 화재 건수의 예로 들면 다음과 같습니다.

- $E(X) = nq = 10^6 \times \dfrac{12}{10^6} = 12$

- $V(X) = nq(1-q) = nq - nq^2 = 10^6 \times \dfrac{12}{10^6} - 10^6 \times \left(\dfrac{12}{10^6}\right)^2 \approx 12 - 10^6 \times 0 = 12$

요약하면 포아송 분포에서 기댓값과 분산은 다음과 같습니다.

$$E(X) = V(X) = nq = \lambda$$

◆ λ=12인 경우의 그래프

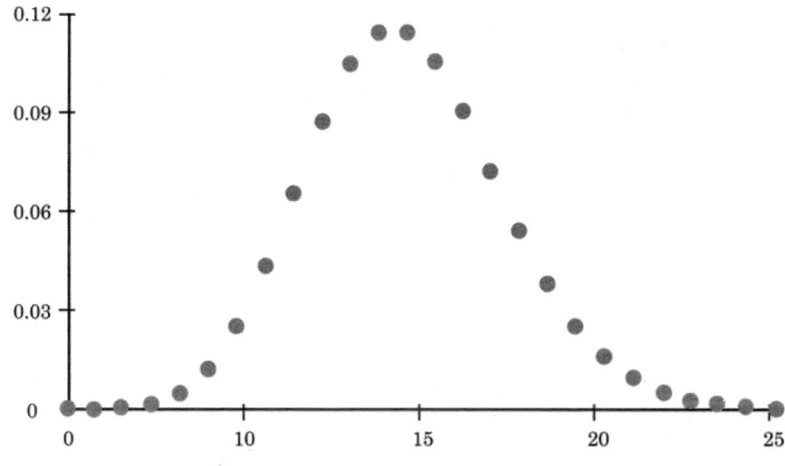

3.3 지수분포

서울에서 일어나는 화재 건수가 하루에 약 12건이라면 경험상 $\frac{t}{10^6}$일에 약 $\frac{12t}{10^6}$건이 발생한다고 할 수 있습니다. 다시 말하면 t일이라는 시간을 10^6 구간으로 분할한 임의의 1구간에서 1건의 화재가 일어날 확률은 약 $\frac{12t}{10^6}$라고 할 수 있습니다. 또한 임의의 인접한 구간인

$\left(\frac{k}{10^6}t, \frac{k+1}{10^6}t\right)$과 $\left(\frac{k+1}{10^6}t, \frac{k+2}{10^6}t\right)$에 있어서

- $\left(\frac{k}{10^6}t, \frac{k+1}{10^6}t\right)$에서 화재가 일어날지 아닐지
- $\left(\frac{k+1}{10^6}t, \frac{k+2}{10^6}t\right)$에서 화재가 일어날지 아닐지

는 관계가 없다고 합시다.

시점 0에서 t일 후(=24t시간 후)까지의 구간 (0, t]에서 서울에서 일어날 화재 건수를 $X(t)$라고 합시다. 그렇다면 $X(t)$는 n이 10^6이고 q가 $\frac{12t}{10^6}$인 이항분포를 따른다고 할 수 있습니다. 즉, 구간 (0, t]에서 서울에서 일어날 화재 건수가 x일 확률 $P(X(t)=x)$는 다음과 같습니다.

$$P(X(t)=x) = {}_{10^6}C_x \left(\frac{12t}{10^6}\right)^x \left(1-\frac{12t}{10^6}\right)^{10^6-x}$$

이 식은 섹션 3.2의 예와 마찬가지로 다음과 같이 바꿔 쓸 수 있습니다.

$$P(X(t)=x) = \frac{(12t)^x}{x!}e^{-12t}$$

시점 0부터 세어서 3번째 화재가 일어날 시점을 T_3이라고 하면 $P(a<T_3)$의 확률은
- 구간 (0, a]에서 1건도 일어나지 않을 확률 $P(X(a)=0)$
- 구간 (0, a]에서 1건만 일어날 확률 $P(X(a)=1)$
- 구간 (0, a]에서 2건만 일어날 확률 $P(X(a)=2)$

를 더한 것이라 할 수 있습니다. 즉 다음 식이 성립합니다.

$$P(a<T_3)=P(X(a)=0)+P(X(a)=1)+P(X(a)=2)$$
$$=\frac{(12a)^0}{0!}e^{-12a}+\frac{(12a)^1}{1!}e^{-12a}+\frac{(12a)^2}{2!}e^{-12a}$$

마찬가지로 생각하면 시점 0부터 세어서 1번째 화재가 일어날 시점 T_1에 대해 다음 식이 성립합니다.

$$P(a<T_1)=P(X(a)=0)=\frac{(12a)^0}{0!}e^{-12a}=e^{-12a}=\left[-e^{-12x}\right]_a^\infty=\int_a^\infty 12e^{-12x}dx$$

다시 말해, β는 0보다 큰 값이라고 합시다. X의 확률밀도 함수가 다음과 같다면 'X는 β가 ★인 **지수분포**를 따른다'고 표현합니다.

$$f(x)=\begin{cases} x>0\text{인 경우는} & \beta e^{-\beta x} \\ \text{그 외의 경우는} & 0 \end{cases}$$

지수분포는 화재 건수를 예로 들면, 1번째 화재가 일어날 시점에 대한 확률분포를 의미합니다.

◆ $\beta=12$인 경우의 그래프

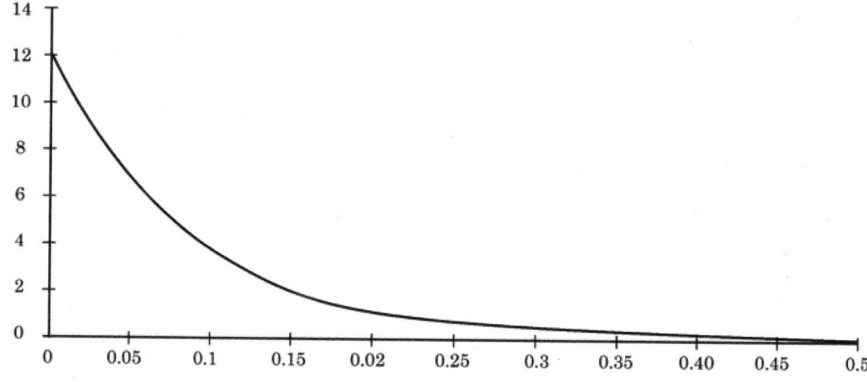

3.4 베타 분포

$B(\alpha, \beta)$는 **베타 함수**라고 불리는 다음 식을 의미한다고 합시다.

$$B(\alpha, \beta) = \int_0^1 s^{\alpha-1}(1-s)^{\beta-1} ds$$

또한 α와 β는 0보다 큰 값이라고 할 때 X의 확률밀도 함수가 다음과 같다면 'X는 α가 ★이고 β가 ▲인 **베타 분포**를 따른다'고 표현합니다.

$$f(x) = \begin{cases} 0<x<1\text{인 경우는} & \dfrac{x^{\alpha-1}(1-x)^{\beta-1}}{B(\alpha, \beta)} = \dfrac{x^{\alpha-1}(1-x)^{\beta-1}}{\int_0^1 s^{\alpha-1}(1-s)^{\beta-1}ds} \\ \text{그 외의 경우는} & 0 \end{cases}$$

또한 다음과 같이 표기하는 경우도 있습니다.

$X \sim Be(\alpha, \beta)$

베타 분포는 $\begin{cases} \alpha=1 \\ \beta=1 \end{cases}$ 이면 구간 (0, 1)인 균등분포가 됩니다.

◆ $Be(0.4, 0.7)$과 $Be(10, 3)$인 그래프

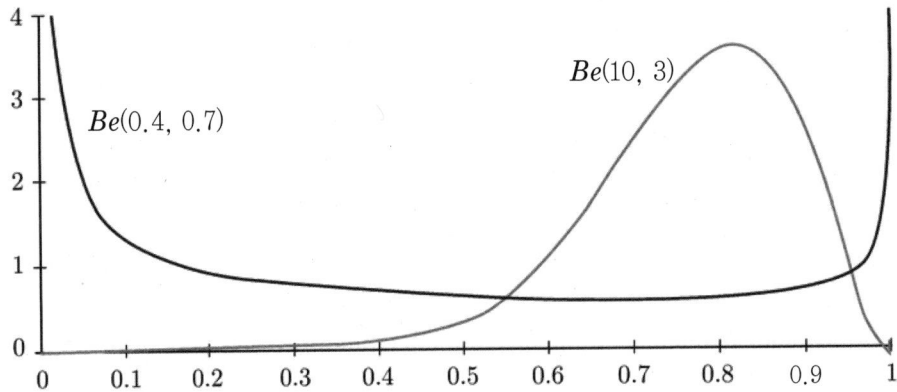

제3장

가능도 함수

1. 가능도
2. 가능도 함수
3. 그 외의 가능도 함수

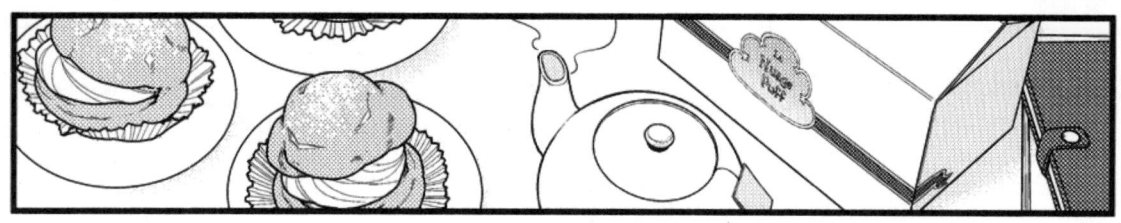

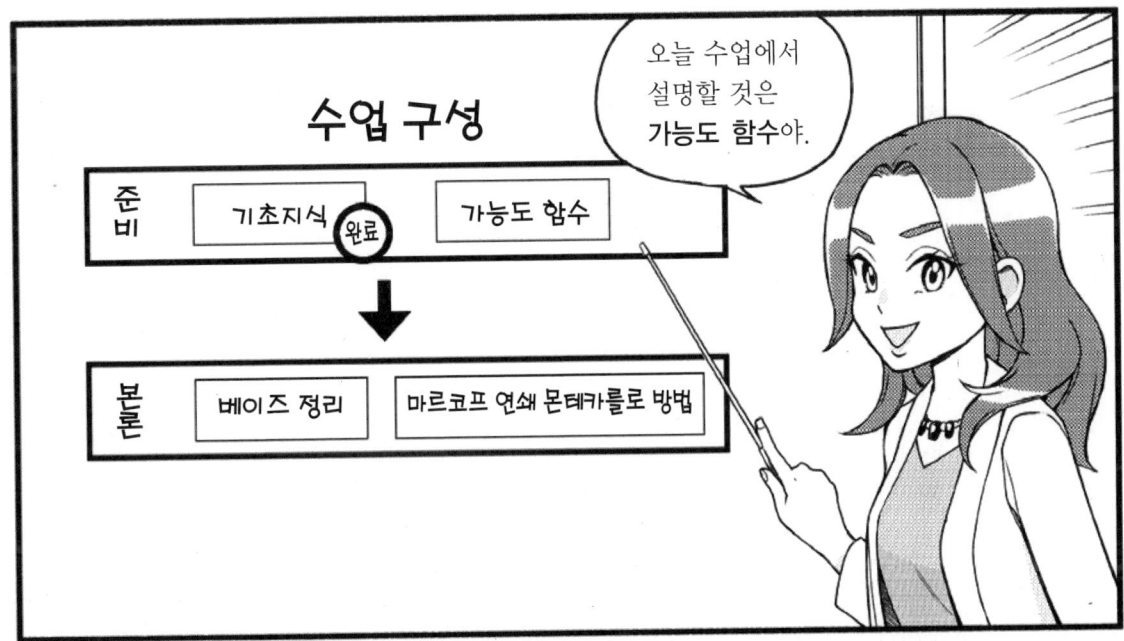

1. 가능도

1.1 큰 수의 법칙

2가지 예를 들어 볼게.

1번째

영차

이 확률분포에 대응하는 주사위를 생각해 보자.

설명의 편의상 확률을 $P(^{(t)}X)$가 아니라 $S(^{(t)}X)$로 표기했어.

t번째 던졌을 때 나올 눈 $^{(t)}X$	1	2	3	4	5	6
$S(^{(t)}X)$	$\frac{1}{6}$	$\frac{1}{6}$	$\frac{1}{6}$	$\frac{1}{6}$	$\frac{1}{6}$	$\frac{1}{6}$

$^{(t)}X$의 기댓값인 $E(^{(t)}X)$는 당연히 다음과 같아.

$$E(^{(t)}X) = 1 \times \frac{1}{6} + 2 \times \frac{1}{6} + 3 \times \frac{1}{6} + 4 \times \frac{1}{6} + 5 \times \frac{1}{6} + 6 \times \frac{1}{6}$$

$$= \frac{1+2+3+4+5+6}{6} = 3.5$$

이 주사위를 내가 실제로 1,000번 던졌다고 했을 때

실제로 던지는 건 컴퓨터가 했지만

1,000번의 눈의 합계
↓

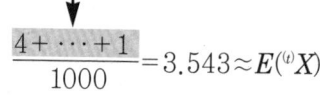

$$\frac{4 + \cdots + 1}{1000} = 3.543 \approx E(^{(t)}X)$$

이라는 관계가 성립한다는 걸 알 수 있었지.

실현치

실행의 결과를 **실현치**라고 해. 다시 말하면
- $^{(1)}X$의 실현치는 4이다.
- $^{(1000)}X$의 실현치는 1이다.

와 같이 표현하는 거야.

$^{(1)}X$에서 $^{(T)}X$까지의 실현치의 평균 $\approx E(^{(t)}X)$

라는 관계를 **큰 수의 법칙**이라고 해.

이건 뭐예요?

$\approx$

넘실 넘실

'거의 똑같다' 또는 '근사하다'라는 뜻의 기호야.

큰 수의 법칙이 성립하기 위한 조건은 다음과 같아.

- 주사위를 던질 횟수인 T가 나름대로 클 것.
- $^{(1)}X$와 $\cdots$와 $^{(T)}X$는 독립적일 것.
- $^{(1)}X$와 $\cdots$와 $^{(T)}X$는 똑같은 확률분포를 따를 것.

참고로 독립적이고 똑같은 확률분포를 따른다는 것을 영어로 표현하면 independent and identically distributed라고 하고 줄여서 i.i.d라고도 해.

i.i.d.

T가 "나름대로" 크다는 건 구체적으로 어느 정도로 커야 해요?

글쎄, "나름대로"라고 밖에 말 못하겠는데….

5나 10이 아닌 건 확실해.

제3장 가능도 함수 69

2번째 예

기호가 많이 나와서 혼란스러울 수 있으니 주의하면서 이해하도록 해.

이 확률분포에 대응하는 6면이 아닌 n면 주사위를 생각해 보자.

	x_1	$\cdots$	x_n
$S(^{(t)}X)$	$S(^{(t)}X=x_1)$	$\cdots$	$S(^{(t)}X=x_n)$

n면!?

쉽게 상상되지 않겠지만 설명을 잘 들어봐.

내 설명에 나오는 $\log x$는 $\log_e x$를 의미해.

그렇다면 $\log P(^{(t)}X)$의 기댓값인 $E(\log P(^{(t)}X))$는 당연히

$$E(\log P(^{(t)}X)) = S(^{(t)}X=x_1)\log P(^{(t)}X=x_1) + \cdots + S(^{(t)}X=x_n)\log P(^{(t)}X=x_n)$$

가 돼.

1.2 쿨백 라이블러 발산

이 확률분포에 대응하는 α와 β라는 2개의 일그러진 주사위를 생각해 보자.

t번 던졌을 때 나올 눈 $^{(t)}X$	1	2	3	4	5	6
$P_\alpha(^{(t)}X)$	0.09	0.15	0.16	0.18	0.19	0.23
$P_\beta(^{(t)}X)$	0.27	0.23	0.09	0.03	0.14	0.24
$S(^{(t)}X)$	$\frac{1}{6}$	$\frac{1}{6}$	$\frac{1}{6}$	$\frac{1}{6}$	$\frac{1}{6}$	$\frac{1}{6}$

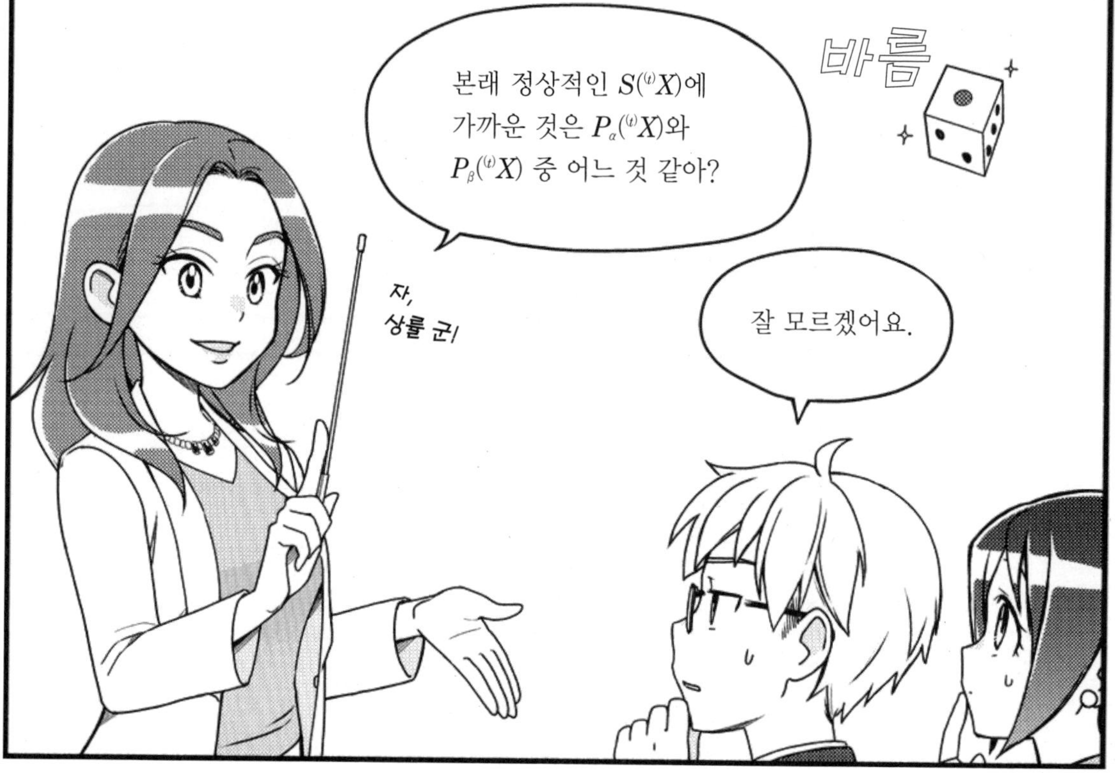

본래 정상적인 $S(^{(t)}X)$에 가까운 것은 $P_\alpha(^{(t)}X)$와 $P_\beta(^{(t)}X)$ 중 어느 것 같아?

자, 상률 군!

잘 모르겠어요.

결론부터 말하면

$$D(S, P) = S(^{(t)}X = x_1)\log S(^{(t)}X = x_1) + \cdots + S(^{(t)}X = x_n)\log S(^{(t)}X = x_n)$$
$$-\{S(^{(t)}X = x_1)\log P(^{(t)}X = x_1) + \cdots + S(^{(t)}X = x_n)\log P(^{(t)}X = x_n)\}$$

쓱쓱

와 같은 식으로 표현되는 **쿨백 라이블러 발산의 값**에서 알 수 있듯이 $P_\alpha(^{(t)}X)$야.

우훗!

참고로 '쿨백'과 '라이블러'는 사람 이름이야.

복잡해 보이는 이 식은 어디서 나온 거예요?

당연한 질문입니다. 확실히 '쿨백 라이블러 발산' 식을 처음 접한다면 복잡해 보일 것입니다.
쿨백 라이블러 발산이 어디서 나왔는지는 다음 페이지에서 설명하겠습니다. 설명에는 비슷한 기호나 식 같은 게 많이 나오는데 혼동하지 않도록 하세요.

아래 그림에서 알 수 있듯이

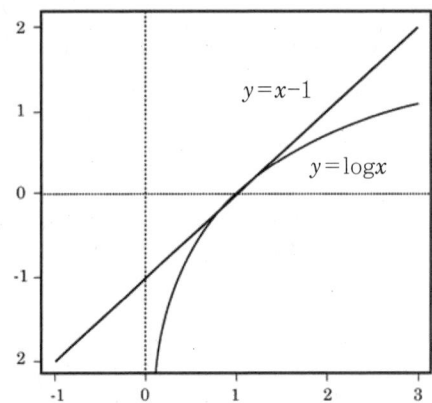

$\log x \leq x-1$라는 관계가 성립합니다. 이 관계를 이용하면 다음 식이 성립합니다.

- $S(^{(t)}X = x_1) \log \dfrac{P(^{(t)}X = x_1)}{S(^{(t)}X = x_1)} \leq S(^{(t)}X = x_1) \left(\dfrac{P(^{(t)}X = x_1)}{S(^{(t)}X = x_1)} - 1 \right)$

- $S(^{(t)}X = x_2) \log \dfrac{P(^{(t)}X = x_2)}{S(^{(t)}X = x_2)} \leq S(^{(t)}X = x_2) \left(\dfrac{P(^{(t)}X = x_2)}{S(^{(t)}X = x_2)} - 1 \right)$

- $S(^{(t)}X = x_n) \log \dfrac{P(^{(t)}X = x_n)}{S(^{(t)}X = x_n)} \leq S(^{(t)}X = x_n) \left(\dfrac{P(^{(t)}X = x_n)}{S(^{(t)}X = x_n)} - 1 \right)$

이것의 양변을 더하면 다음과 같습니다.

$$S(^{(t)}X = x_1) \log \frac{P(^{(t)}X = x_1)}{S(^{(t)}X = x_1)} + \cdots + S(^{(t)}X = x_n) \log \frac{P(^{(t)}X = x_n)}{S(^{(t)}X = x_n)}$$
$$\leq S(^{(t)}X = x_1) \left(\frac{P(^{(t)}X = x_1)}{S(^{(t)}X = x_1)} - 1 \right) + \cdots + S(^{(t)}X = x_n) \left(\frac{P(^{(t)}X = x_n)}{S(^{(t)}X = x_n)} - 1 \right)$$
$$= \{P(^{(t)}X = x_1) - S(^{(t)}X = x_1)\} + \cdots + \{P(^{(t)}X = x_n) - S(^{(t)}X = x_n)\}$$
$$= \{P(^{(t)}X = x_1) + \cdots + P(^{(t)}X = x_n)\} - \{S(^{(t)}X = x_1) + \cdots + S(^{(t)}X = x_n)\}$$
$$= 1 - 1$$
$$= 0$$

즉,

$$S(^{(t)}X=x_1)\log\frac{P(^{(t)}X=x_1)}{S(^{(t)}X=x_1)}+\cdots+S(^{(t)}X=x_n)\log\frac{P(^{(t)}X=x_n)}{S(^{(t)}X=x_n)}\leq 0$$

이므로

$$-\left\{S(^{(t)}X=x_1)\log\frac{P(^{(t)}X=x_1)}{S(^{(t)}X=x_1)}+\cdots+S(^{(t)}X=x_n)\log\frac{P(^{(t)}X=x_n)}{S(^{(t)}X=x_n)}\right\}$$
$$=S(^{(t)}X=x_1)\log\frac{S(^{(t)}X=x_1)}{P(^{(t)}X=x_1)}+\cdots+S(^{(t)}X=x_n)\log\frac{S(^{(t)}X=x_n)}{P(^{(t)}X=x_n)}$$
$$=S(^{(t)}X=x_1)\log S(^{(t)}X=x_1)+\cdots+S(^{(t)}X=x_n)\log S(^{(t)}X=x_n)$$
$$-\{S(^{(t)}X=x_1)\log P(^{(t)}X=x_1)+\cdots+S(^{(t)}X=x_n)\log P(^{(t)}X=x_n)\}\geq 0$$

가 됩니다. 위의 식 마지막에 있는

$$S(^{(t)}X=x_1)\log S(^{(t)}X=x_1)+\cdots+S(^{(t)}X=x_n)\log S(^{(t)}X=x_n)$$
$$-\{S(^{(t)}X=x_1)\log P(^{(t)}X=x_1)+\cdots+S(^{(t)}X=x_n)\log P(^{(t)}X=x_n)\}$$

이 **쿨백 라이블러 발산** $D(S, P)$입니다.
쿨백 라이블러 발산 $D(S, P)$는

$$\frac{P(^{(t)}X=x_1)}{S(^{(t)}X=x_1)}=\cdots=\frac{P(^{(t)}X=x_n)}{S(^{(t)}X=x_n)}=1$$

인 경우, 즉 모든 i에서 $P(^{(t)}X=x_i)=S(^{(t)}X=x_i)$가 성립하는 경우에 최솟값인 0이 됩니다. 그러므로 $P(^{(t)}X)$는 쿨백 라이블러 발산 $D(S, P)$의 값이 작을수록 $S(^{(t)}X)$에 가깝다고 할 수 있습니다.

조금 전의 주사위의 예에서 쿨백 라이블러 발산의 값을 확인해 봅시다.

$$\begin{cases} D(S, P_\alpha) = S(^{(t)}X=1)\log S(^{(t)}X=1) + \cdots + S(^{(t)}X=6)\log S(^{(t)}X=6) \\ \qquad\qquad - \{S(^{(t)}X=1)\log P_\alpha(^{(t)}X=1) + \cdots + S(^{(t)}X=6)\log P_\alpha(^{(t)}X=6)\} \\ \qquad = \left(\dfrac{1}{6}\log\dfrac{1}{6} + \cdots + \dfrac{1}{6}\log\dfrac{1}{6}\right) - \left(\dfrac{1}{6}\log 0.09 + \cdots + \dfrac{1}{6}\log 0.23\right) \\[6pt] D(S, P_\beta) = S(^{(t)}X=1)\log S(^{(t)}X=1) + \cdots + S(^{(t)}X=6)\log S(^{(t)}X=6) \\ \qquad\qquad - \{S(^{(t)}X=1)\log P_\beta(^{(t)}X=1) + \cdots + S(^{(t)}X=6)\log P_\beta(^{(t)}X=6)\} \\ \qquad = \left(\dfrac{1}{6}\log\dfrac{1}{6} + \cdots + \dfrac{1}{6}\log\dfrac{1}{6}\right) - \left(\dfrac{1}{6}\log 0.27 + \cdots + \dfrac{1}{6}\log 0.24\right) \end{cases}$$

$D(S, P_\alpha)$와 $D(S, P_\beta)$는 둘 다 제 1항이 $\left(\dfrac{1}{6}\log\dfrac{1}{6} + \cdots + \dfrac{1}{6}\log\dfrac{1}{6}\right)$으로 똑같습니다. 그래서 제2항을 주목해 보면 다음과 같습니다.

$$\begin{cases} D(S, P_\alpha)\text{의 제2항} = \dfrac{1}{6}\log 0.09 + \cdots + \dfrac{1}{6}\log 0.23 = -1.83 \\ D(S, P_\beta)\text{의 제2항} = \dfrac{1}{6}\log 0.27 + \cdots + \dfrac{1}{6}\log 0.24 = -2.01 \end{cases}$$

따라서,

$$D(S, P_\alpha) < D(S, P_\beta)$$

이므로 $S(^{(t)}X)$에 가까운 것은 $P_\alpha(^{(t)}X)$라고 결론을 내릴 수 있습니다.

1.3 가능도

좀 전에 설명했듯이 쿨백 라이블러 발산은

$$D(S, P) = S(^{(t)}X = x_1) \log S(^{(t)}X = x_1) + \cdots + S(^{(t)}X = x_n) \log S(^{(t)}X = x_n) \\ - \{S(^{(t)}X = x_1) \log P(^{(t)}X = x_1) + \cdots + S(^{(t)}X = x_n) \log P(^{(t)}X = x_n)\}$$

이야.

$P(^{(t)}X)$가 $S(^{(t)}X)$에 가까운지 아닌지는 이 식의 둘째 줄에 있는 **평균 로그 가능도**라 부르는

$$S(^{(t)}X = x_1) \log P(^{(t)}X = x_1) + \cdots + S(^{(t)}X = x_n) \log P(^{(t)}X = x_n)$$

으로 결정돼. 이 값이 클수록 가까운 거야.

자, 평균 로그 가능도에 대해 좀 전에 설명한 큰 수의 법칙의 2번째 예를 떠올리면 알 수 있듯이,

그러고 보니 그렇네요.

$$S(^{(t)}X = x_1) \log P(^{(t)}X = x_1) + \cdots + S(^{(t)}X = x_n) \log P(^{(t)}X = x_n) \approx \frac{\log P(^{(1)}X = x_i) + \cdots + \log P(^{(T)}X = x_j)}{T}$$

이라는 관계가 성립해.

평균 로그 가능도의 값이 클수록 $P(^{(t)}X)$가 $S(^{(t)}X)$에 가까워.

으앙

내가 더 비슷하지롱!

그말은 즉, 이 식의 우변의 분자인 **로그 가능도**라는

$$\log P(^{(1)}X = x_i) + \cdots + \log P(^{(T)}X = x_j) \\ = \log\{P(^{(1)}X = x_i) \times \cdots \times P(^{(T)}X = x_j)\}$$

의 값이 클수록 $P(^{(t)}X)$가 $S(^{(t)}X)$에 가깝다는 것을 의미하지.

바꿔 말하면
가능도라 부르는
$P(^{(1)}X=x_i) \times \cdots \times P(^{(T)}X=x_j)$
의 값이 클수록
$P(^{(t)}X)$가 $S(^{(t)}X)$에 가깝다는 것을 뜻해.

말하자면
가능도와 로그 가능도가
둘 다 값이 클수록 대단하다.

그렇게 이해하면 돼.

로그 가능도

$$\underline{\log\{P(^{(1)}X=x_i) \times \cdots \times P(^{(T)}X=x_j)\}}$$
$$\textbf{가능도}$$

앗!

로그 가능도

가능도
특대

'가능도도
로그 가능도도 큰 쪽이 좋다!'
는 거군요!

후후. 어머니가
입버릇처럼 하시는 말을
여기서도 쓸 수 있겠네.

하하하

2. 가능도 함수

2.1 다항분포의 가능도 함수

지난 번 수업에서 예로 든 두부 가게의 추첨 이벤트를 다시 떠올려봐.

한 번 뽑을 때마다 구슬은 추첨기에 다시 넣으니까
- A 구슬이 나올 확률은 항상 $\frac{1}{4}$
- B 구슬이 나올 확률은 항상 $\frac{2}{4}$
- C 구슬이 나올 확률은 항상 $\frac{1}{4}$

였지요?

다솜이가 뽑을 기회가 6번 있다고 하자.

6번이나!?

도전 결과는 다음과 같았어.
- 1번째는 B 구슬
- 2번째는 C 구슬
- 3번째는 A 구슬
- 4번째는 B 구슬
- 5번째는 A 구슬
- 6번째는 A 구슬

이 결과로부터 각 구슬이 나올 확률을 추정하고 싶다면

그게 가능해요!

이제부터 설명할 4가지 절차를 밟는 **최대 가능도 방법**이나 **최대 우도법**이라는 방법을 사용하면 돼.

제3장 가능도 함수

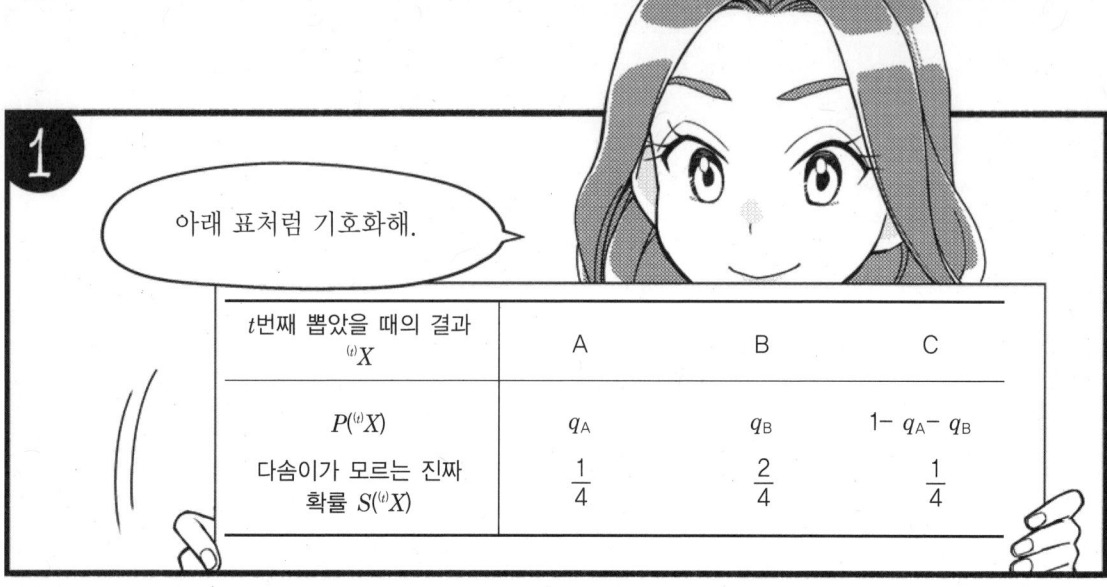

1 아래 표처럼 기호화해.

t번째 뽑았을 때의 결과 $^{(t)}X$	A	B	C
$P(^{(t)}X)$	q_A	q_B	$1-q_A-q_B$
다솜이가 모르는 진짜 확률 $S(^{(t)}X)$	$\frac{1}{4}$	$\frac{2}{4}$	$\frac{1}{4}$

2 독립적이고 동일한 확률분포를 $^{(1)}X$와 ⋯와 $^{(6)}X$가 따른다는 것에 입각해서 가능도를 계산해.

지금 예에서 가능도는

쏙쏙

$$P(^{(1)}X=B) \times P(^{(2)}X=C) \times P(^{(3)}X=A) \times P(^{(4)}X=B) \times P(^{(5)}X=A) \times P(^{(6)}X=A)$$
$$= q_A^3 \times q_B^2 \times (1-q_A-q_B)$$

이야.

3 가능도를 q_A과 q_B의 함수로 해석해서
$f(q_A, q_B) = q_A^3 \times q_B^2 \times (1-q_A-q_B)$
이라고 할게.

이 함수를 **가능도 함수**라고 해.

4 가능도가 클수록 진짜 확률인 $S(^{(t)}X)$에 $P(^{(t)}X)$가 가까워지니까 가능도 함수의 최댓값에 대응하는 q_A과 q_B의 구체적인 값이 가장 가능(지당)한 추정값이라고 해석하는 거야.

이러한 추정치를 **최대 가능 추정값**이라고 해.

지금 예에서 최대 가능도 추정값인 $\hat{q}_A$과 $\hat{q}_B$은 아래의 Step 1부터 Step 4까지의 계산으로 구할 수 있습니다.

Step 1

로그 가능도 함수를 정리한다.

$$\log f(q_A, q_B) = \log\{q_A^3 \times q_B^2 \times (1 - q_A - q_B)\}$$
$$= 3\log q_A + 2\log q_B + \log(1 - q_A - q_B)$$

가능도 함수의 로그값인 $\log f(q_A, q_B)$을 **로그 가능도 함수**라고 합니다.

Step 2

로그 가능도 함수를 q_A에 대해 미분하여 0으로 놓고 정리한다.

$$\frac{d}{dq_A}\{3\log q_A + 2\log q_B + \log(1 - q_A - q_B)\}$$
$$= \frac{3}{q_A} - \frac{1}{1 - q_A - q_B} = 0$$

$$\frac{3}{q_A} = \frac{1}{1 - q_A - q_B}$$

미분의 개념에 대해서는 Takahashi Shin 〈만화로 쉽게 배우는 통계학 [회귀분석편]〉(옴사)를 참조하기 바랍니다.

Step 3

로그 가능도 함수를 q_B에 대해 미분하여 0으로 놓고 정리한다.

$$\frac{d}{dq_B}\{3\log q_A + 2\log q_B + \log(1-q_A-q_B)\}$$
$$= \frac{2}{q_B} - \frac{1}{1-q_A-q_B} = 0$$

$$\frac{2}{q_B} = \frac{1}{1-q_A-q_B}$$

Step 4

Step 2와 Step 3의 결과로부터 최대 가능도 추정값인 $\hat{q}_A$과 $\hat{q}_B$을 구한다. $\hat{q}_C$도 구한다.

$$\frac{3}{q_A} = \frac{2}{q_B} = \frac{1}{1-q_A-q_B}, \quad \text{즉} \quad \frac{q_A}{3} = \frac{q_B}{2} = \frac{1-q_A-q_B}{1}$$

따라서

$$\begin{cases} \hat{q}_A = \frac{3}{6} \\ \hat{q}_B = \frac{2}{6} \\ \hat{q}_C = 1 - \hat{q}_A - \hat{q}_B = \frac{1}{6} \end{cases}$$

이 된다.

그러고 보니, $\hat{q}_A$, $\hat{q}_B$, $\hat{q}_C$가 모두 진짜 확률인 $S^{(t)}X$와는 상당히 다른 결과가 나와 버렸습니다. 원인은 추첨에 도전한 횟수가 6번으로 너무 적었기 때문입니다. 다솜이와 같은 방식으로 제가 1,000번 추첨에 도전했더니 다음과 같은 결과가 나왔습니다.

$$\log f(q_A, q_B) = \log\{P(^{(1)}X = B) \times \cdots \times \log P(^{(1000)}X = C)\}$$
$$= \log\{q_A^{255} \times q_B^{501} \times (1 - q_A - q_B)^{244}\}$$
$$= 255 \log q_A + 501 \log q_B + 244 \log(1 - q_A - q_B)$$

$$\begin{cases} \hat{q}_A = \dfrac{255}{1000} = 0.255 \approx \dfrac{1}{4} = S^{(t)}X = A) \\ \hat{q}_B = \dfrac{501}{1000} = 0.501 \approx \dfrac{2}{4} = S^{(t)}X = B) \\ \hat{q}_C = 1 - \hat{q}_A - \hat{q}_B = \dfrac{244}{1000} = 0.244 \approx \dfrac{1}{4} = S^{(t)}X = C) \end{cases}$$

참고로 로그 가능도 함수에 최대 가능도 추정값을 대입한 **최대 로그 가능도**는 다음 표와 같습니다.

다솜이의 경우	$\log f(\hat{q}_A, \hat{q}_B)$ $= 3\log \frac{3}{6} + 2\log \frac{2}{6} + \log \frac{1}{6}$ $= 3\log 3 + 2\log 2 + \log 1 - 6\log 6$ $= -6.1$
제 경우	$\log f(\hat{q}_A, \hat{q}_B)$ $= 255\log \frac{255}{1000} + 501\log \frac{501}{1000} + 244\log \frac{244}{1000}$ $= 255\log 255 + 501\log 501 + 244\log 244 - 1000\log 1000$ $= -1038.9$

1 독립적이고 동일한 확률분포를 $^{(1)}X$와 $\cdots$와 $^{(15)}X$가 따른다는 것에 입각해서 가능도를 계산해.

지금 예에서 가능도는 좀 전의 추첨 예와 마찬가지로 생각하면 알 수 있듯이 다음과 같아.

$$P(^{(1)}X = 149.0) \times \cdots \times P(^{(15)}X = 163.2)$$
$$\approx P(149.0 - \Delta \leq {}^{(1)}X \leq 149.0 + \Delta) \times \cdots \times P(163.2 - \Delta \leq {}^{(15)}X \leq 163.2 + \Delta)$$
$$= \int_{149.0-\Delta}^{149.0+\Delta} f(x)\,dx \times \cdots \times \int_{163.2-\Delta}^{163.2+\Delta} f(x)\,dx$$

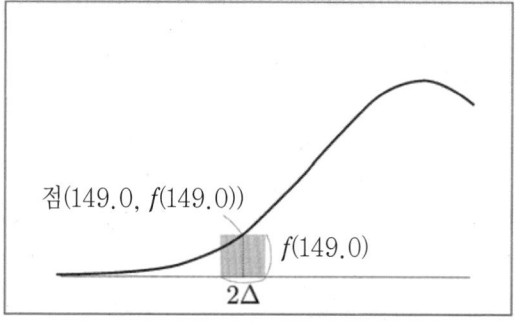

점$(149.0, f(149.0))$
$f(149.0)$
2Δ

$$\approx \{f(149.0) \times 2\Delta\} \times \cdots \times \{f(163.2) \times 2\Delta\}$$
$$= \{f(149.0) \times \cdots \times f(163.2)\} \times (2\Delta)^{15}$$
$$= \left\{\frac{1}{\sqrt{2\pi}\sigma}\exp\left(-\frac{(149.0-\mu)^2}{2\sigma^2}\right) \times \cdots \times \frac{1}{\sqrt{2\pi}\sigma}\exp\left(-\frac{(163.2-\mu)^2}{2\sigma^2}\right)\right\} \times (2\Delta)^{15}$$

2 위의 식에서 제1항을 μ와 σ^2의 함수로 해석해서

$$f(\mu, \sigma^2) = \frac{1}{\sqrt{2\pi}\sigma}\exp\left(-\frac{(149.0-\mu)^2}{2\sigma^2}\right) \times \cdots \times \frac{1}{\sqrt{2\pi}\sigma}\exp\left(-\frac{(163.2-\mu)^2}{2\sigma^2}\right)$$

으로 놓아.

3  이 가능도 함수의 최댓값에 대응하는 평균 μ와 분산 σ^2의 최대 가능도 추정값을 구해.

지금 예에서 최대 가능도 추정값인 $\hat{\mu}$와 $\hat{\sigma}^2$는 다음 Step 1부터 Step 3까지의 계산으로 구할 수 있습니다.

Step 1

로그 가능도 함수를 정리한다.

$$\begin{aligned}
\log f(\mu, \sigma^2) &= \log\left\{\frac{1}{\sqrt{2\pi}\sigma}\exp\left(-\frac{(149.0-\mu)^2}{2\sigma^2}\right) \times \cdots \times \frac{1}{\sqrt{2\pi}\sigma}\exp\left(-\frac{(163.2-\mu)^2}{2\sigma^2}\right)\right\} \\
&= \log\left\{\left(\frac{1}{\sqrt{2\pi}\sigma}\right)^{15}\exp\left(-\frac{(149.0-\mu)^2+\cdots+(163.2-\mu)^2}{2\sigma^2}\right)\right\} \\
&= \log\left\{(2\pi\sigma^2)^{-\frac{15}{2}}\right\} + \log\left\{\exp\left(-\frac{(149.0-\mu)^2+\cdots+(163.2-\mu)^2}{2\sigma^2}\right)\right\} \\
&= -\frac{15}{2}\log(2\pi) - \frac{15}{2}\log(\sigma^2) - \frac{(\mu-149.0)^2+\cdots+(\mu-163.2)^2}{2\sigma^2}
\end{aligned}$$

Step 2

로그 가능도 함수를 μ에 대해 미분하여 0으로 놓고 정리하여 $\hat{\mu}$를 구한다.

$$\frac{d}{d\mu}\left\{-\frac{15}{2}\log(2\pi)-\frac{15}{2}\log(\sigma^2)-\frac{(\mu-149.0)^2+\cdots+(\mu-163.2)^2}{2\sigma^2}\right\}$$

$$=-\frac{2(\mu-149.0)+\cdots+2(\mu-163.2)}{2\sigma^2}=0$$

$$(\mu-149.0)+\cdots+(\mu-163.2)=0$$

$$\mu=\frac{149.0+\cdots+163.2}{15}=157.5$$

즉, $\hat{\mu}=\dfrac{149.0+\cdots+163.2}{15}=157.5$ 가 된다.

Step 3

로그 가능도 함수를 σ^2에 대해 미분하여 0으로 놓고 정리하여 $\hat{\sigma}^2$를 구한다.

$$\frac{d}{d\sigma^2}\left\{-\frac{15}{2}\log(2\pi)-\frac{15}{2}\log(\sigma^2)-\frac{(\mu-149.0)^2+\cdots+(\mu-163.2)^2}{2\sigma^2}\right\}$$

$$=-\frac{15}{2}\times\frac{1}{\sigma^2}-\left(-\frac{(\mu-149.0)^2+\cdots+(\mu-163.2)^2}{2(\sigma^2)^2}\right)=0$$

$$\frac{15}{2\sigma^2}=\frac{(\mu-149.0)^2+\cdots+(\mu-163.2)^2}{2(\sigma^2)^2}$$

$$\sigma^2=\frac{(\mu-149.0)^2+\cdots+(\mu-163.2)^2}{15}$$

따라서 다음과 같이 된다.

$$\hat{\sigma}^2 = \frac{(\hat{\mu}-149.0)^2 + \cdots + (\hat{\mu}-163.2)^2}{15}$$
$$= \frac{(157.5-149.0)^2 + \cdots + (157.5-163.2)^2}{15}$$
$$= 23.95$$

참고로 최대 로그 가능도는 다음과 같습니다.

$$\log f(\hat{\mu}, \hat{\sigma}^2) = -\frac{15}{2}\log(2\pi) - \frac{15}{2}\log(\hat{\sigma}^2) - \frac{(\hat{\mu}-149.0)^2 + \cdots + (\hat{\mu}-163.2)^2}{2\hat{\sigma}^2}$$
$$= -\frac{15}{2}\log(2\pi) - \frac{15}{2}\log(\hat{\sigma}^2) - \frac{15}{2} \times \frac{1}{\hat{\sigma}^2} \times \frac{(\hat{\mu}-149.0)^2 + \cdots + (\hat{\mu}-163.2)^2}{15}$$

$$\boxed{\text{Step 3에서 } \hat{\sigma}^2 = \frac{(\hat{\mu}-149.0)^2 + \cdots + (\hat{\mu}-163.2)^2}{15} \text{이므로}}$$

$$= -\frac{15}{2}\log(2\pi) - \frac{15}{2}\log(\hat{\sigma}^2) - \frac{15}{2}$$
$$= -\frac{15}{2}\{\log(2\pi) + \log(\hat{\sigma}^2) + 1\}$$
$$= -\frac{15}{2}\{\log(2\pi) + \log(23.95) + 1\}$$
$$= -45.10$$

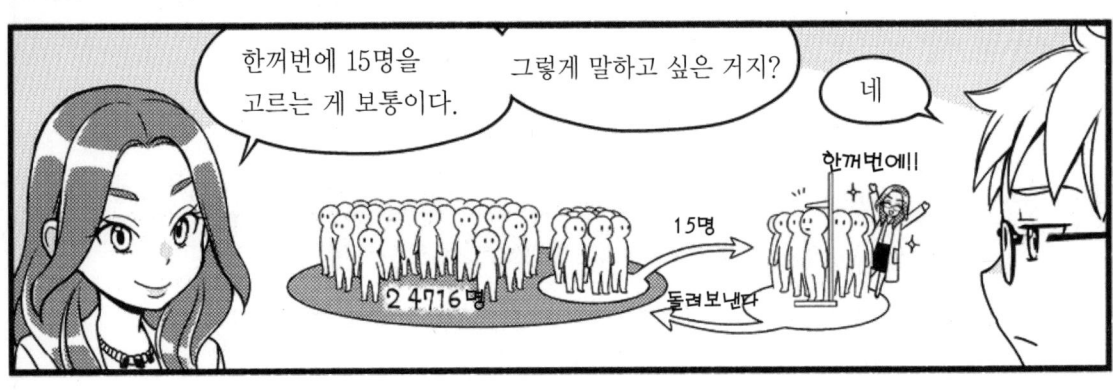

3. 그 외의 가능도 함수

이 섹션에서는
- 이항분포의 가능도 함수
- 포아송 분포의 가능도 함수

를 소개하겠습니다.

3.1 이항분포의 가능도 함수

34쪽과 79쪽에 나온 두부 가게의 추첨 이벤트 예를 다시 생각해 봅시다. 추첨기 안에는 구슬이 4개가 있고 A가 1개, B가 2개, C가 1개입니다. 추첨을 1번 할 때마다 구슬을 추첨 안으로 다시 넣으므로

- A 구슬이 나올 확률은 항상 $\frac{1}{4}$
- B 구슬이나 C 구슬이 나올 확률은 항상 $\frac{3}{4}$

입니다.

상률 씨가 T번 뽑을 기회를 얻었다고 합시다. 도전 결과 A 구슬이 나온 것은 T번 중 n번이었습니다. 이 결과로부터 A 구슬이 나올 확률을 상률 씨가 추정하고 싶다면 다음에 설명할 4단계를 거치면 됩니다. 먼저 아래 표로 기호화했습니다.

t번 뽑았을 때의 결과 $^{(t)}X$	A	B 또는 C
$P(^{(t)}X)$	q_A	$1-q_A$
상률 씨가 모르는 진짜 확률 $S(^{(t)}X)$	$\frac{3}{4}$	$\frac{3}{4}$

다음으로, 독립적이고 동일한 확률분포를 $^{(1)}X$와 $^{(2)}X$와 $\cdots$와 $^{(T)}X$가 따른다는 것에 입각해서 가능도를 계산합니다. 지금 예에서 가능도는 다음과 같습니다.

$$P(^{(1)}X = B) \times P(^{(2)}X = C) \times \cdots \times P(^{(T)}X = A)$$
$$= q_A^n \times (1 - q_A)^{T-n}$$

그리고 가능도를 q_A의 함수로 해석하여

$$f(q_A) = q_A^n \times (1-q_A)^{T-n}$$

으로 놓습니다.

마지막으로 이 가능도 함수의 최댓값에 대응하는 q_A의 최대 가능도 추정값을 구합니다.

지금 예에서 최대 가능도 추정값인 $\hat{q}_A$은 다음 Step 1부터 Step 2까지의 계산으로 구할 수 있습니다.

Step 1

로그 가능도 함수를 정리한다.

$$\log f(q_A) = \log\{\hat{q}_A^n \times (1-q_A)^{T-n}\}$$
$$= n\log q_A + (T-n)\log(1-q_A)$$

Step 2

로그 가능도 함수를 q_A에 대해 미분하여 0으로 놓고 정리하여 $\hat{q}_A$를 구한다.

$$\frac{d}{dq_A}\{n\log q_A + (T-n)\log(1-q_A)\}$$
$$= \frac{n}{q_A} - \frac{T-n}{1-q_A} = 0$$

$(T-n)q_A = n(1-q_A)$

$Tq_A - nq_A = n - nq_A$

$$\hat{q}_A = \frac{n}{T}$$

3.2 포아송 분포의 가능도 함수

서울에서 △월 t일에 일어날 화재 건수 $^{(t)}X$는

$$P(^{(t)}X = x) = \frac{\lambda^x}{x!}e^{-\lambda}$$

라는 포아송 분포를 따른다고 합시다. 또한 $^{(1)}X$와 $^{(2)}X$와 $^{(3)}X$와 $\cdots$는 독립적입니다.

아래 표는 2017년 11월 1일부터 11월 5일까지 서울에서 일어난 화재 건수를 기록한 것입니다(※가공의 수치입니다).

	화재 건수
11월 1일	12
11월 2일	11
11월 3일	15
11월 4일	13
11월 5일	10

위 표에서 λ를 추정하고 싶다면 다음에 설명할 3단계를 거치면 됩니다. 먼저 독립적이고 동일한 확률분포를 $^{(1)}X$와 $\cdots$와 $^{(5)}X$가 따른다는 것에 입각해서 가능도를 계산합니다.

지금 예에서 가능도는 다음과 같습니다.

$$P(^{(1)}X = 12) \times P(^{(2)}X = 11) \times P(^{(3)}X = 15) \times P(^{(4)}X = 13) \times P(^{(5)}X = 10)$$

$$= \frac{\lambda^{12}}{12!}e^{-\lambda} \times \frac{\lambda^{11}}{11!}e^{-\lambda} \times \frac{\lambda^{15}}{15!}e^{-\lambda} \times \frac{\lambda^{13}}{13!}e^{-\lambda} \times \frac{\lambda^{10}}{10!}e^{-\lambda}$$

$$= \frac{\lambda^{12+11+15+13+10}}{12! \times 11! \times 15! \times 13! \times 10!}e^{-5\lambda}$$

다음으로 가능도를 λ의 함수로 해석하여

$$f(\lambda) = \frac{\lambda^{12+11+15+13+10}}{12! \times 11! \times 15! \times 13! \times 10!}e^{-5\lambda}$$

으로 놓습니다.

마지막으로 이 가능도 함수의 최댓값에 대응하는 λ의 최대 가능도 추정값을 구합니다.

지금 예에서 최대 가능도 추정값인 $\hat{\lambda}$은 다음 Step 1부터 Step 2까지의 계산으로 구할 수 있습니다.

Step 1

로그 가능도 함수를 정리한다.

$$\log f(\lambda) = \log\left(\frac{\lambda^{12+11+15+13+10}}{12! \times 11! \times 15! \times 13! \times 10!} e^{-5\lambda}\right)$$

$$= (12+11+15+13+10)\log\lambda - \log(12! \times 11! \times 15! \times 13! \times 10!) + \log(e^{-5\lambda})$$

$$= (12+11+15+13+10)\log\lambda - \log(12! \times 11! \times 15! \times 13! \times 10!) - 5\lambda$$

Step 2

로그 가능도 함수를 λ에 대해 미분하여 0으로 놓고 정리하여 $\hat{\lambda}$를 구한다.

$$\frac{d}{d\lambda}\left\{(12+11+15+13+10)\log\lambda - \log(12! \times 11! \times 15! \times 13! \times 10!) - 5\lambda\right\}$$

$$= \frac{12+11+15+13+10}{\lambda} - 5 = 0$$

$$\hat{\lambda} = \frac{12+11+15+13+10}{5} = 12.2$$

제4장

베이즈 정리

1. 베이즈 정리
2. 사전 확률밀도 함수와 사후 확률밀도 함수

자, 드디어 오늘부터 본격적인 주제로 들어갈게.

수업 구성

| 준비 | 기초지식 완료 | 가능도 함수 완료 |

↓

| 본론 | 베이즈 정리 | 마르코프 연쇄 몬테카를로 방법 |

베이즈 정리를 설명합니다.

네!

기다렸어요. ㅎㅎ

본 주제에 들어가기 전에 수업에서 사용할 기호에 대해 알아야 할 점이 있어.

네

고등학교 까지의 수학

주 x 종 y

고등학교 때까지의 수학에서는 주종관계에 있어서 '주' 역할을 담당하는 기호를 x라고 하고, '종' 역할을 담당하는 기호를 y라고 했어.

1. 베이즈 정리

1.1 조건부 확률

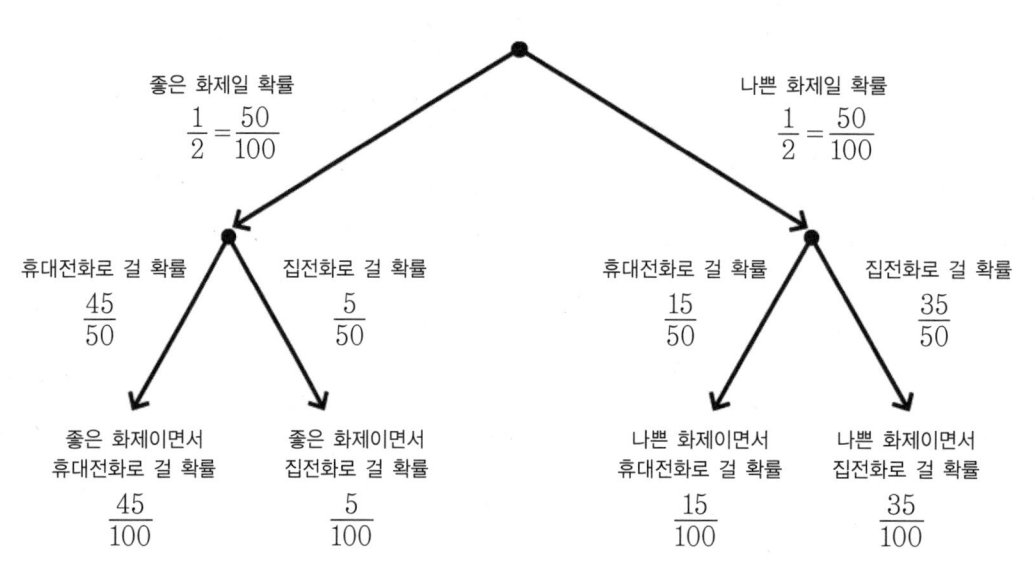

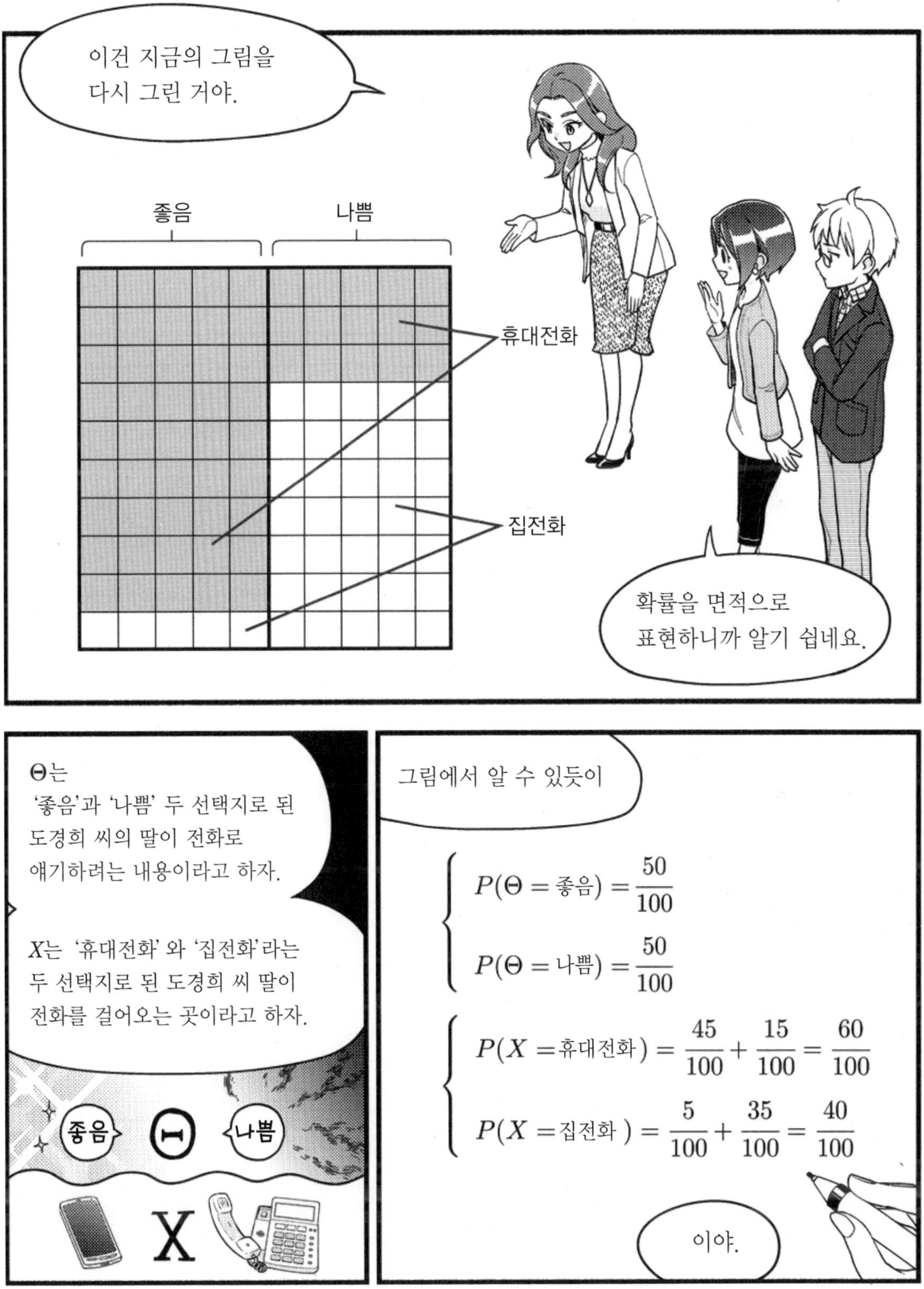

이건 지금의 그림을 다시 그린 거야.

좋음　　　나쁨

휴대전화

집전화

확률을 면적으로 표현하니까 알기 쉽네요.

Θ는 '좋음'과 '나쁨' 두 선택지로 된 도경희 씨의 딸이 전화로 얘기하려는 내용이라고 하자.

X는 '휴대전화'와 '집전화'라는 두 선택지로 된 도경희 씨 딸이 전화를 걸어오는 곳이라고 하자.

그림에서 알 수 있듯이

$$\begin{cases} P(\Theta = 좋음) = \dfrac{50}{100} \\[4pt] P(\Theta = 나쁨) = \dfrac{50}{100} \\[4pt] P(X = 휴대전화) = \dfrac{45}{100} + \dfrac{15}{100} = \dfrac{60}{100} \\[4pt] P(X = 집전화) = \dfrac{5}{100} + \dfrac{35}{100} = \dfrac{40}{100} \end{cases}$$

이야.

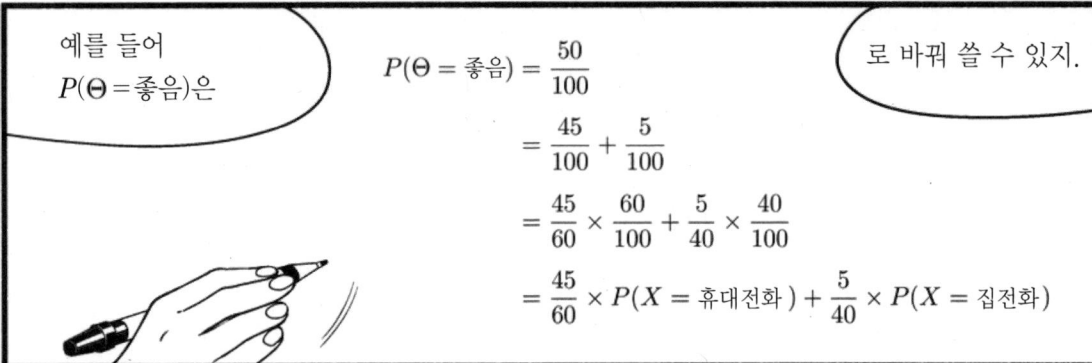
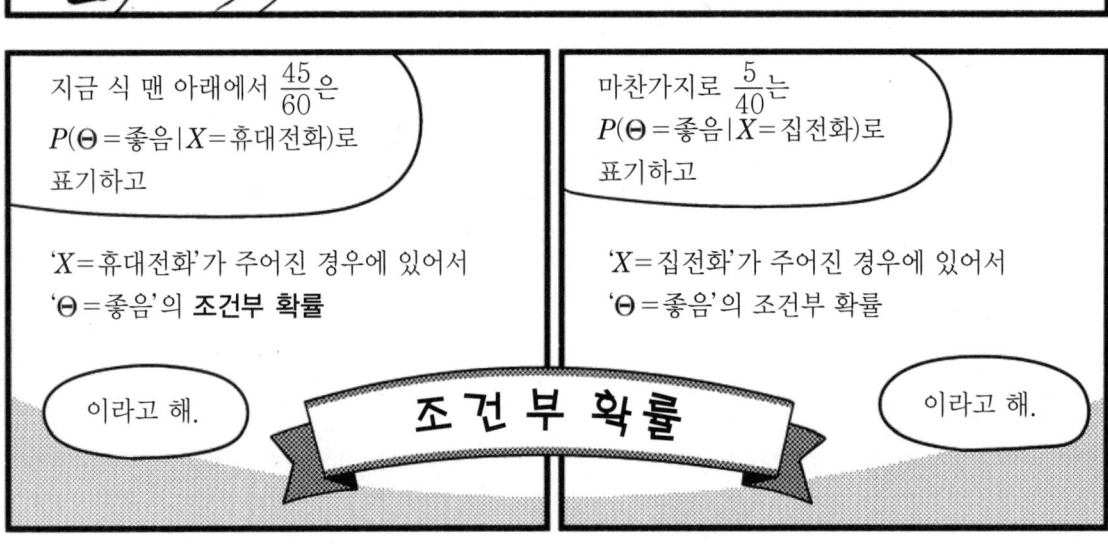
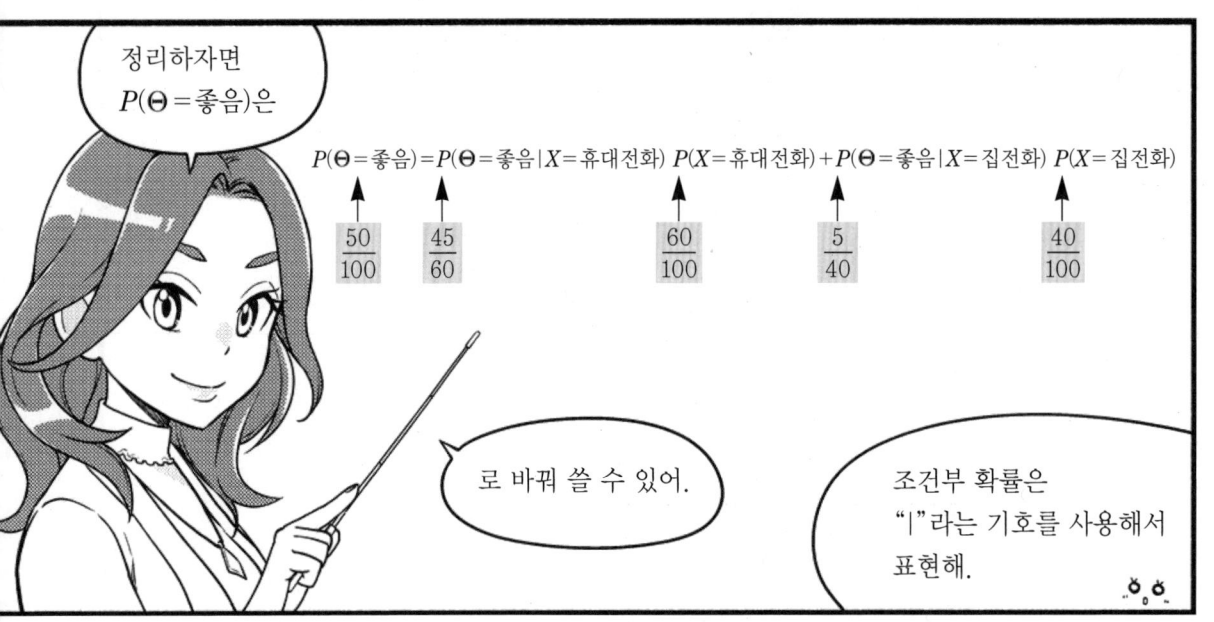

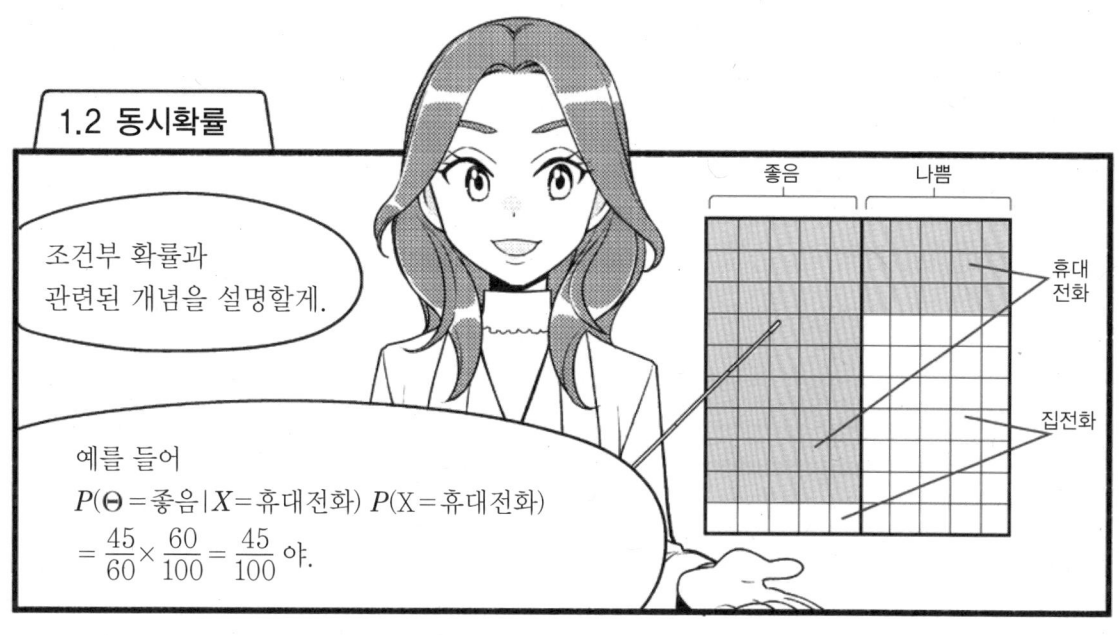

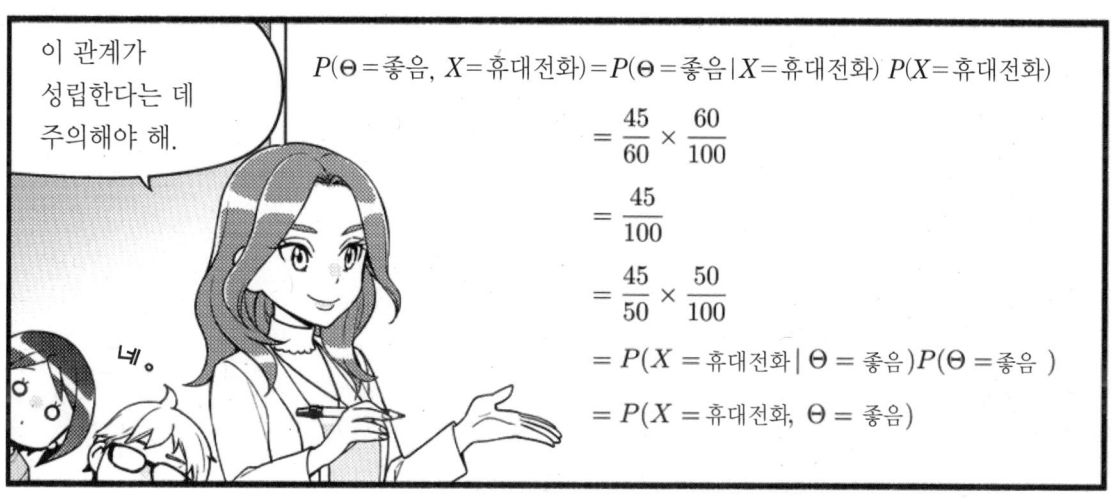

1.3 베이즈 정리

방금 말한 것처럼

$$P(\Theta=\text{좋음}|X=\text{휴대전화})\,P(X=\text{휴대전화}) = P(X=\text{휴대전화}|\Theta=\text{좋음})\,P(\Theta=\text{좋음})$$

라는 관계가 성립해.

이 식은

$$P(\Theta=\text{좋음}|X=\text{휴대전화}) = \frac{P(X=\text{휴대전화}|\Theta=\text{좋음})P(\Theta=\text{좋음})}{P(X=\text{휴대전화})}$$

$$= \frac{P(X=\text{휴대전화}|\Theta=\text{좋음})P(\Theta=\text{좋음})}{P(X=\text{휴대전화}|\Theta=\text{좋음})P(\Theta=\text{좋음}) + P(X=\text{휴대전화}|\Theta=\text{나쁨})P(\Theta=\text{나쁨})}$$

으로 바꿔 쓸 수 있어.

이 식을 **베이즈 정리** 또는 **베이즈 공식**이라고 해.

$$P(\Theta=\theta_i \mid X=x) = \frac{P(X=x \mid \Theta=\theta_i)P(\Theta=\theta_i)}{P(X=x)}$$

$$= \frac{P(X=x \mid \Theta=\theta_i)P(\Theta=\theta_i)}{P(X=x \mid \Theta=\theta_1)P(\Theta=\theta_1) + P(X=x \mid \Theta=\theta_2)P(\Theta=\theta_2) + \cdots}$$

언뜻 보기에는 복잡한 것 같지만 잘 살펴보면 그렇지도 않네요.

1.4 구체적 예

? 문제

다솜이가 인터넷 설문조사 회사에 근무한다고 합시다.
다솜이 회사는 지금까지의 경험상 설문조사의 자유 대답란을 '경어체'로 적는 사람의 비율 또는 확률이 대체로 아래 상황이라고 알고 있습니다.

- 40세 이상은 0.79다. 즉, $P(X=경어체\,|\,\Theta \geq 40)=0.79$이다.
- 40세 미만은 0.26이다. 즉, $P(X=경어체\,|\,\Theta < 40)=0.26$이다.

어떤 음료의 발매 1주일 후에 그 제조회사로부터 위탁받은 조사를 다솜이 회사에서 실시했습니다. '경어체'를 사용해서 상당히 유익한 의견을 자유 대답란에 쓴 ID가 'jinsoo3'이라는 사람이 있었습니다. 그렇게 '경어체'로 의견을 쓴 'jinsoo3'이 40세 이상일 확률 $P(\Theta \geq 40\,|\,X=경어체)$를 추정해 보십시오.

개념

$P(\Theta \geq 40 | X = 경어체)$는 베이즈 정리를 사용하면

$P(\Theta \geq 4 | X = 경어체)$

$= \dfrac{P(X=경어체)|\Theta \geq 40)\, P(\Theta \geq 40)}{P(X=경어체)}$

$= \dfrac{P(X=경어체 | \Theta \geq 40)\, P(\Theta \geq 40)}{P(X=경어체|\Theta \geq 40)\, P(\Theta \geq 40) + P(X=경어체|\Theta < 40)\, P(\Theta < 40)}$

$= \dfrac{0.79 \times P(\Theta \geq 40)}{0.79 \times P(\Theta \geq 40) + 0.26 \times P(\Theta < 40)}$

이야.

교수님!

- 'jinsoo3이 40세 이상일 확률'인 $P(\Theta \geq 40)$
- 'jinsoo3이 40세 미만일 확률'인 $P(\Theta < 40)$

는 어떻게 구하면 되죠?

그럴 때 과감하게 $P(\Theta \geq 40) = P(\Theta < 40) = 0.5$ 라는 주관주의 확률을 설정해.

네? 그렇게 적당히 해도 돼요?

괜찮아. 이런 설정을 허용하는 게 베이즈 통계학이니까.

> **! 해답**
>
> $$P(\Theta \geq 40 \mid X = 경어체) = \frac{0.79 \times P(\Theta \geq 40)}{0.79 \times P(\Theta \geq 40) + 0.26 \times P(\Theta < 40)}$$
>
> $$= \frac{0.79 \times 0.5}{0.79 \times 0.5 + 0.26 \times 0.5}$$
>
> $$= 0.752$$

해답과 관련해서 2가지를 주의해야 돼.

주의

첫 번째는 결과가 0.752라고 해서 jinsoo3이 40세 이상이라는 건 거의 틀림없다고 결론짓는 건 성급하다는 거야.

0.752라는 값이 $P(\Theta \geq 40) = P(\Theta < 40) = 0.5$ 라는 주관주의 확률을 근거로 도출된 것이라서 그렇죠?

맞아!

다시 말하면 자타가 모두 납득할 수 있는 결론을 이끌어 내려면 말이 모순적이기는 하지만 가능한 한 합리적인 주관주의 확률을 충족시킬 필요가 있어.

$P(\Theta \geq 40) = 0.83$ 이라고 정해야겠다.

두둥

왜? 근거는?

제4장 베이즈 정리 109

두 번째 주의할 점은 지금 구체적인 예로 든 베이즈 정리는 당연히

$$P(\Theta \geq 40 | X = 경어체) = \frac{P(X = 경어체 | \Theta \geq 40) \, P(\Theta \geq 40)}{P(X = 경어체)}$$

$$= \frac{1}{P(X = 경어체)} \times P(X = 경어체 | \Theta \geq 40) \, P(\Theta \geq 40)$$

로 바꿔 쓸 수 있어.

즉, (좌변은 우변에 비례한다)는 뜻을 가진 '∝' 기호를 사용하면

$$P(\Theta \geq 40) | X = 경어체) \propto P(X = 경어체) | \Theta \geq 40) \, P(\Theta \geq 40)$$

로 바꿔 쓸 수 있어.

이 식은 베이즈 통계학의 문맥에서는

jinsoo3이 40세 이상일 확률이⋯
↓
$P(X = 경어체 | \Theta \geq 40)$를 곱한 결과⋯
↓
$P(\Theta \geq 40)$부터 $P(\Theta \geq 40 | X = 경어체)$로 변신했다!

로 해석돼.

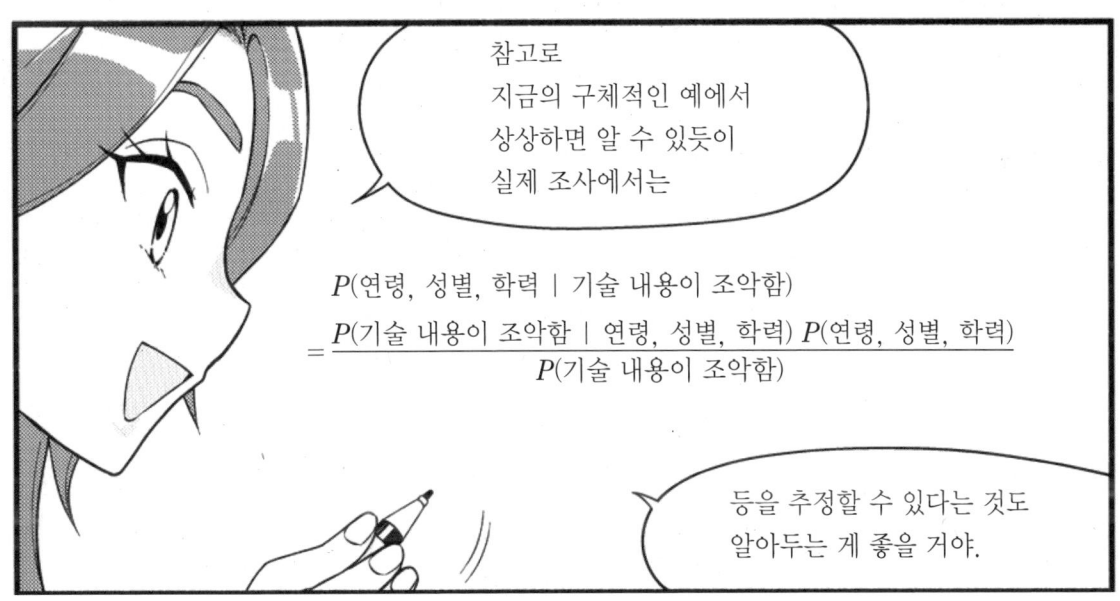

2. 사전 확률밀도 함수와 사후 확률밀도 함수

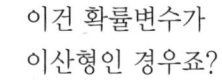

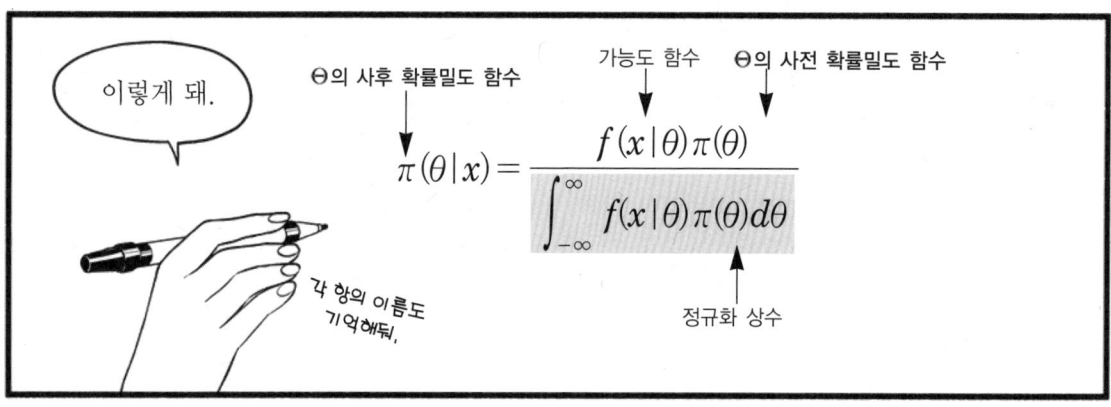

'Θ의 사전 확률밀도 함수'와 'Θ의 사후 확률밀도 함수'에 대응하는 확률분포는 각각 'Θ의 **사전 분포**'와 'Θ의 **사후 분포**'라고 합니다.
위 식 우변의 분자에서 가능도 함수 $f(x|\theta)$는 언뜻 보기에는 느낌이 다르지만 앞의 수업에서 설명한 것을 의미합니다.
좌변의 $\pi(\theta|x)$는 '"$X=x$"가 주어진 경우에서 Θ의 **조건부 확률밀도 함수**'라고 합니다.

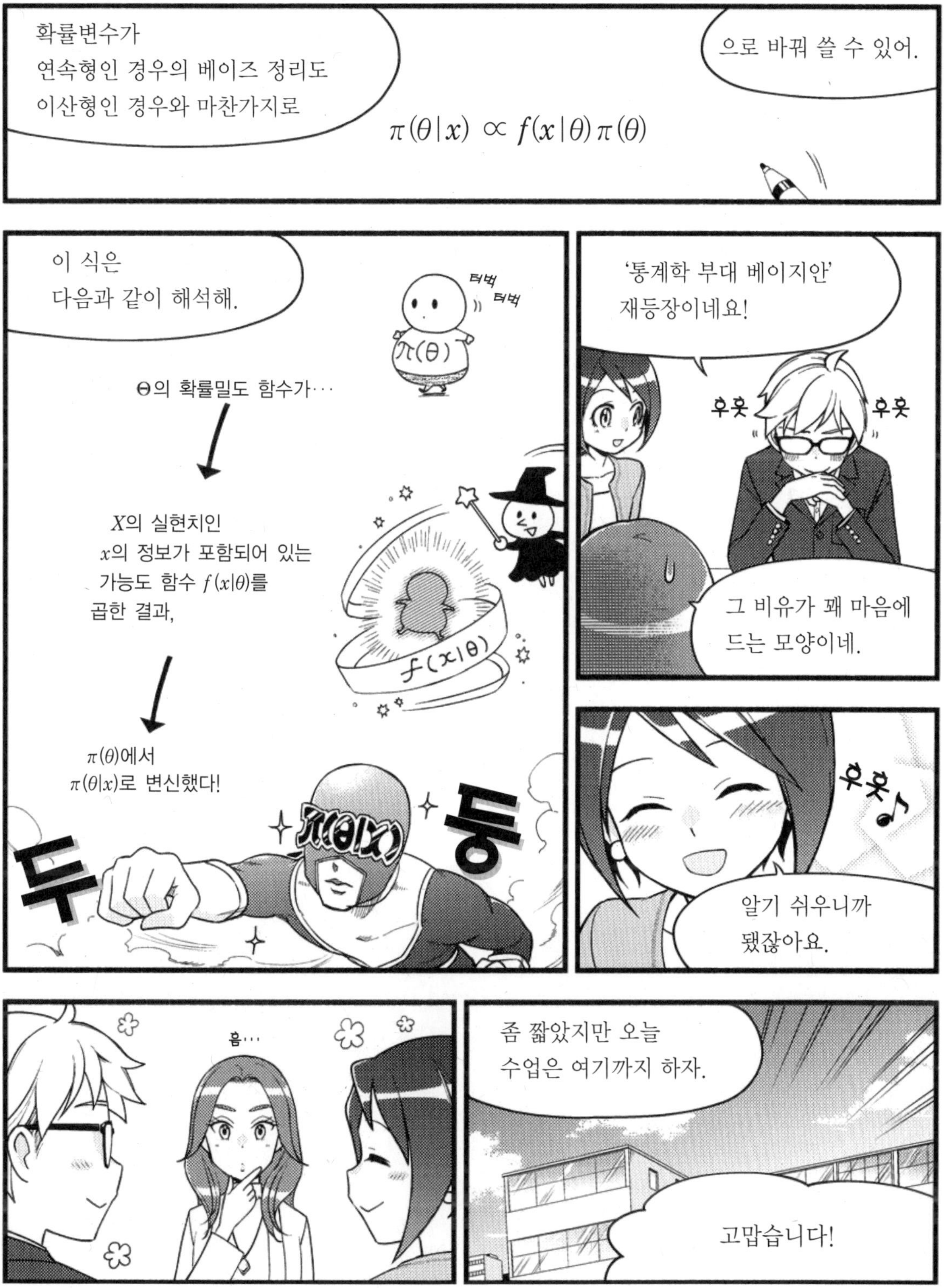

확률변수가
연속형인 경우의 베이즈 정리도
이산형인 경우와 마찬가지로

$$\pi(\theta|x) \propto f(x|\theta)\pi(\theta)$$

으로 바꿔 쓸 수 있어.

이 식은
다음과 같이 해석해.

θ의 확률밀도 함수가…

X의 실현치인
x의 정보가 포함되어 있는
가능도 함수 $f(x|\theta)$를
곱한 결과,

$\pi(\theta)$에서
$\pi(\theta|x)$로 변신했다!

'통계학 부대 베이지안'
재등장이네요!

그 비유가 꽤 마음에
드는 모양이네.

알기 쉬우니까
됐잖아요.

좀 짧았지만 오늘
수업은 여기까지 하자.

고맙습니다!

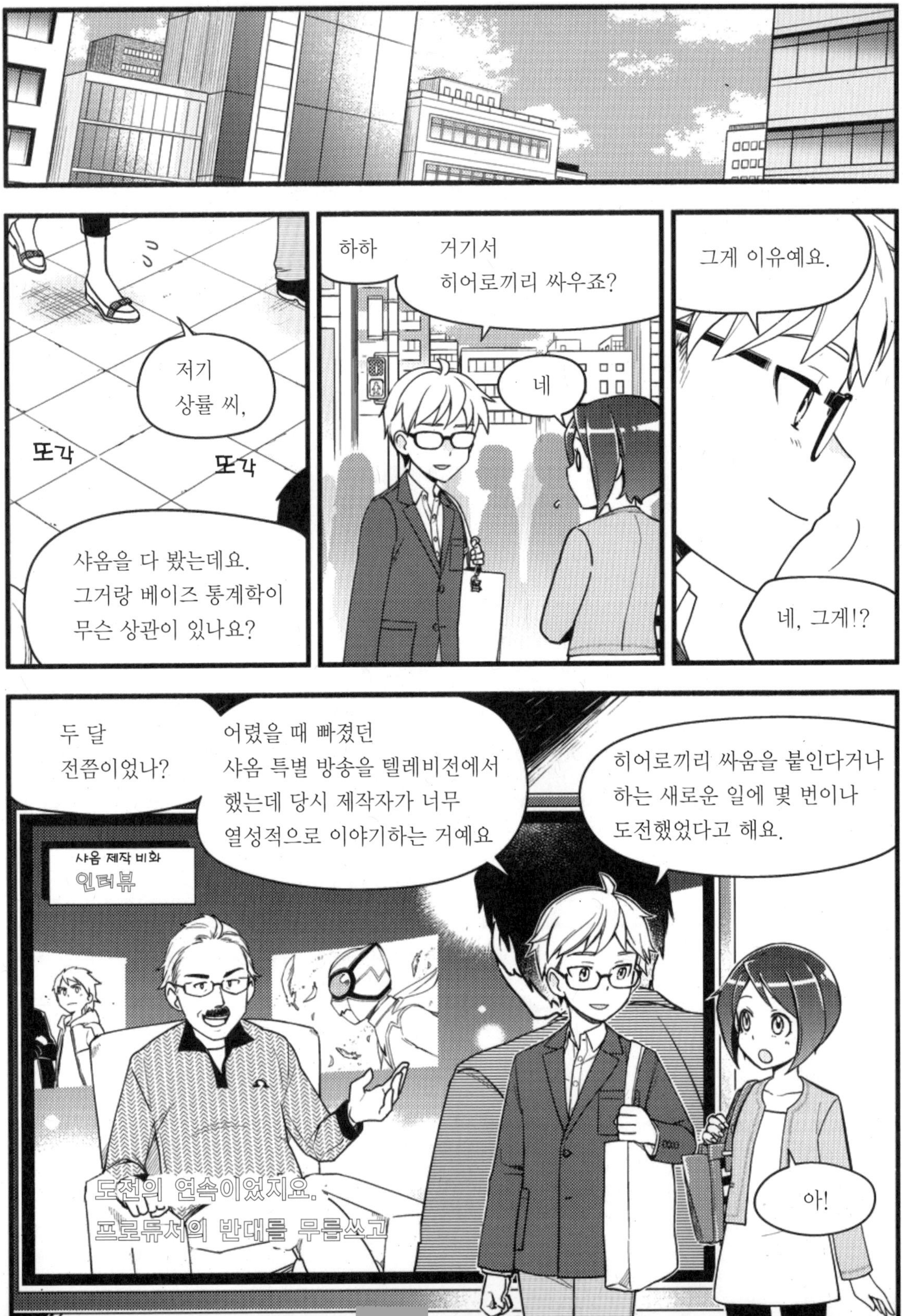

이대로는 안 되겠다고?

그 특별 방송을 보고 있자니

일이 바쁘다는 핑계로 새로운 것이나 모르는 것을 공부하려고 하지 않았다는 것을 깨달았죠

그랬구나.

그때 느낀 반성을 잊어버리지 않으려고

이렇게 키 홀더를 달고 다니는 거예요.

샤옴도 처음부터 다시 다 봤어요.

특별 방송을 보고 '일단 나 자신을 바꿔야겠다'고 생각하던 차에 연구실 졸업생 모임에서 한정호 교수님과 얘기 나눌 기회가 있어서

베이즈 통계학을 공부하고 싶다고 했더니 강 교수님을 소개해 주셨어

그래 베이즈 통계학에 관심이 있나?
아, 여보세요? 강 교수? 이러러저 여차저차
오, 그거 잘 됐군. 상물 군 잘 말해 놨으니까.

네?

아, 감사합니다.

그랬군요. 그래서 저랑 같이 수업을.

제5장

마르코프 연쇄 몬테카를로 방법

1. 몬테카를로 적분
2. 마르코프 연쇄
3. 마르코프 연쇄 몬테카를로 방법
4. 자연스러운 공액사전분포

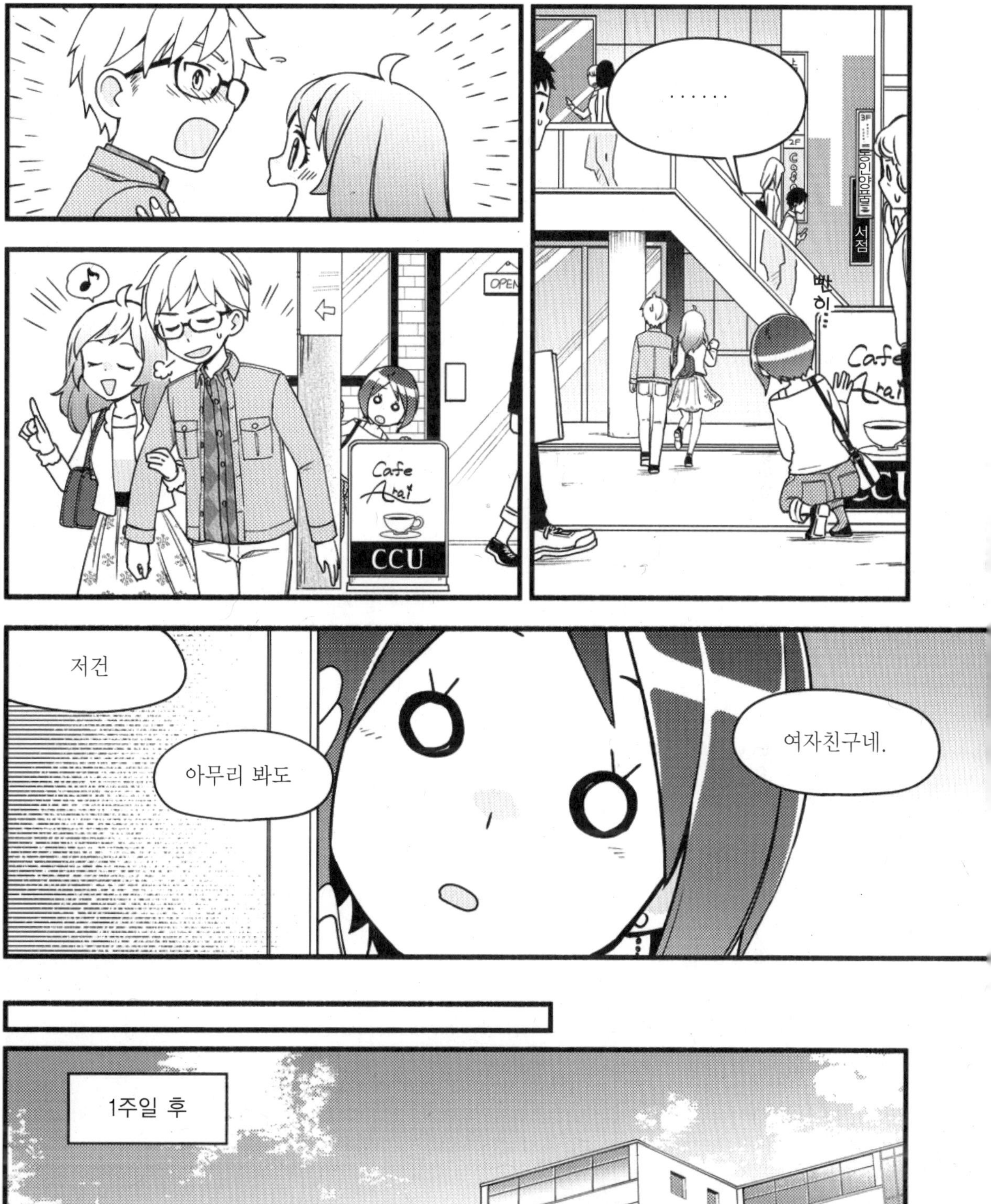

제5장 마르코프 연쇄 몬테카를로 방법

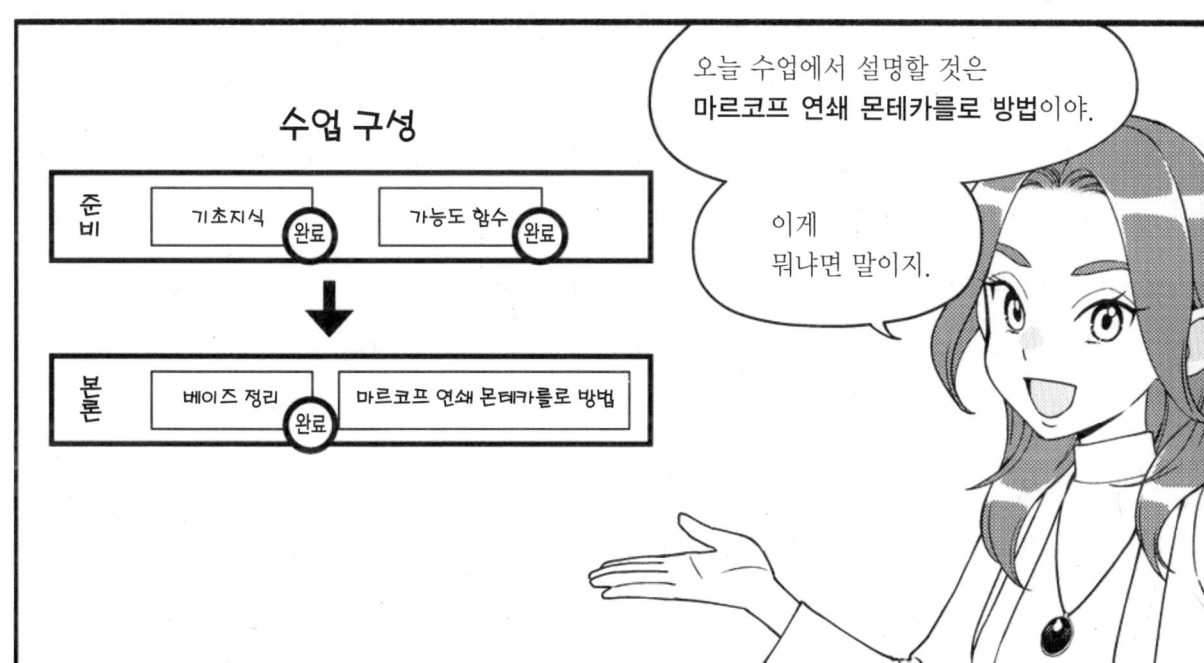

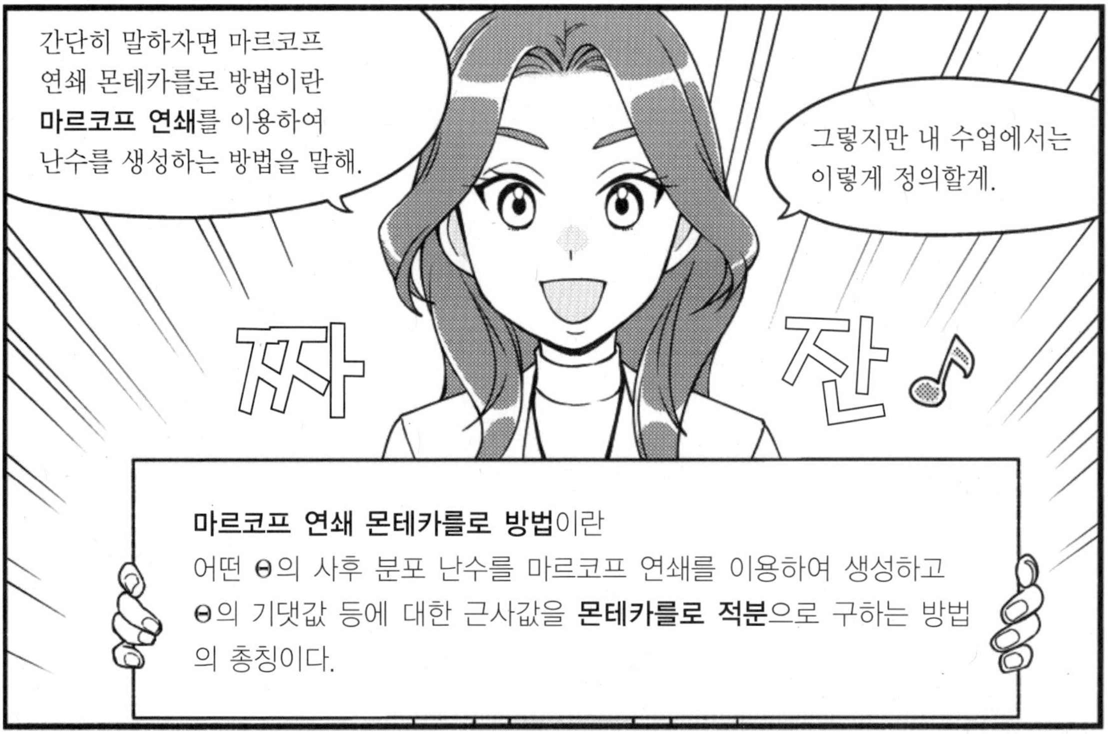

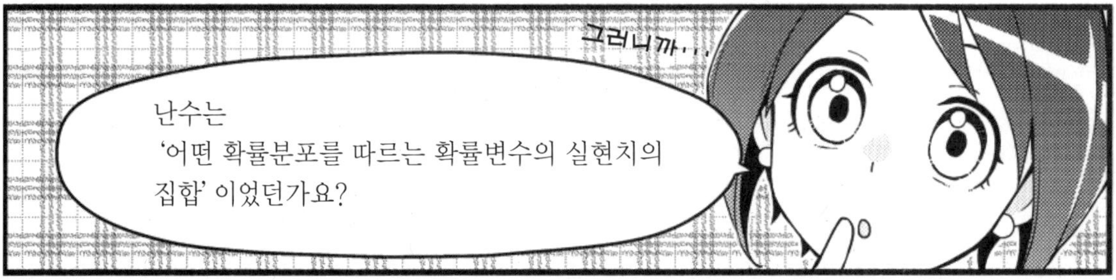

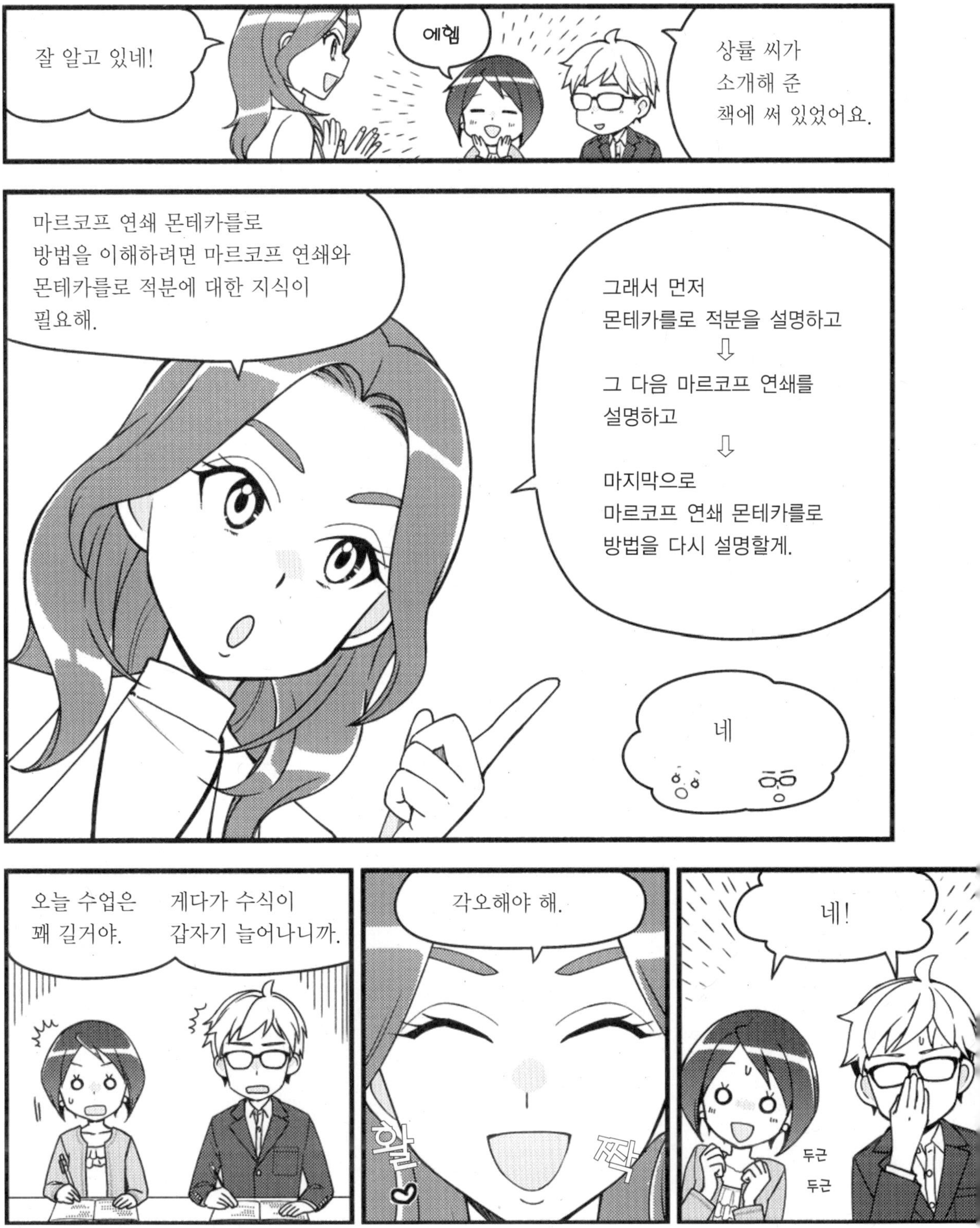

1. 몬테카를로 적분

1.1 몬테카를로 적분

몬테카를로 적분이란 난수를 사용하여 정적분의 근사값을 구하는 방법을 말합니다.

예를 들어 보겠습니다.

다음과 같이 가정을 해 봅시다.
- 구간 $[a, b]$ 위에서 정의된 함수 $g(\theta)$가 있다.
- Θ는 구간 $[a, b]$ 위에서 정의된 확률밀도 함수 $\pi(\theta)$에 대응하는 확률분포를 따른다. 이 확률분포의 난수 10,000개를 $^{(1)}R, {}^{(2)}R, \cdots {}^{(10000)}R$이라고 한다.
- 구간 $[a, b]$를 M개로 균등하게 분할함과 동시에 $^{(1)}R$부터 $^{(10000)}R$까지의 난수가 각 구간에 속할 개수는 다음 표와 같다고 한다. 또한 $k_1 + \cdots + k_M = 10{,}000$이다.

	범위	10000개의 난수 중 이 구간에 속하는 개수
구간 1	$\left[a,\ a+\left(\dfrac{b-a}{M}\right)\right]$	k_1
⋮	⋮	⋮
구간 M	$\left[a+(M-1)\left(\dfrac{b-a}{M}\right),\ a+M\left(\dfrac{b-a}{M}\right)\right]$	k_M

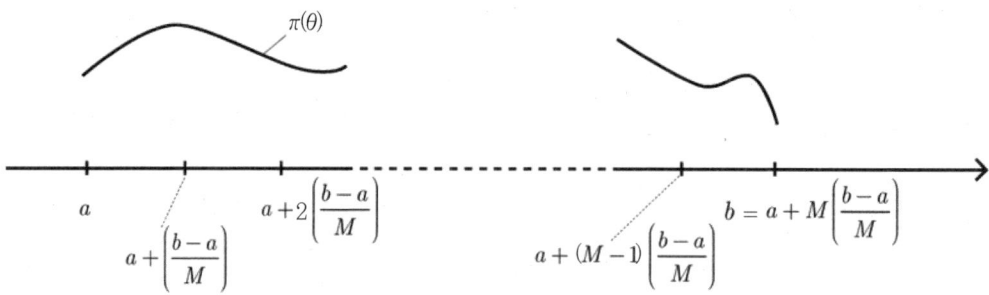

다음의 관계가 성립한다는 것을 확인하시오.

$$\frac{g(^{(1)}R)+\cdots+g(^{(10000)}R)}{10000} \approx \int_a^b g(\theta)\pi(\theta)d\theta$$

 **해답**

$$\frac{g^{(1)}R) + \cdots + g^{(10000)}R)}{10000}$$

구간 1에 속하는 k_1개의 난수를 $g(\theta)$에 대입한 것의 합계

구간 M에 속하는 k_M개의 난수를 $g(\theta)$에 대입한 것의 합계

$$= \frac{g^{((4))}R) + \cdots + g^{((9352))}R)}{10000} + \cdots + \frac{g^{((85))}R) + \cdots + g^{((8011))}R)}{10000}$$

예를 들어 제1항의 분자에서 $^{(4)}R$나 $^{(9352)}R$ 등은 구간 1의 하한값인 a와 거의 똑같다고 해석하면…

k_1개의 $g(a)$의 합계

k_M개의 $g\left(a + (M-1)\left(\frac{b-a}{M}\right)\right)$의 합계

$$\approx \frac{g(a) + \cdots + g(a)}{10000} + \cdots + \frac{g\left(a + (M-1)\left(\frac{b-a}{M}\right)\right) + \cdots + g\left(a + (M-1)\left(\frac{b-a}{M}\right)\right)}{10000}$$

$$= g(a) \times \frac{k_1}{10000} + \cdots + g\left(a + (M-1)\left(\frac{b-a}{M}\right)\right) \times \frac{k_M}{10000}$$

$$\approx g(a) \times \pi(a) \times \frac{b-a}{M} + \cdots + g\left(a + (M-1)\left(\frac{b-a}{M}\right)\right) \times \pi\left(a + (M-1)\left(\frac{b-a}{M}\right)\right) \times \frac{b-a}{M}$$

$$\approx \int_a^{a+\left(\frac{b-a}{M}\right)} g(\theta)\pi(\theta)d\theta + \cdots + \int_{a+(M-1)\left(\frac{b-a}{M}\right)}^{a+M\left(\frac{b-a}{M}\right)} g(\theta)\pi(\theta)d\theta$$

$$= \int_a^b g(\theta)\pi(\theta)d\theta$$

위 식의 아래에서 4째 줄과 3째 줄의 흐름이 어려우므로 다음 페이지에서 설명하겠습니다.

아래 두 식

- $\dfrac{k_1 + \cdots + k_M}{10000} = \dfrac{k_1}{10000} + \dfrac{k_2}{10000} + \cdots + \dfrac{k_M}{10000} = 1$

- $\int_a^b \pi(\theta)d\theta = \int_a^{a+\left(\frac{b-a}{M}\right)} \pi(\theta)d\theta + \int_{a+\left(\frac{b-a}{M}\right)}^{a+2\left(\frac{b-a}{M}\right)} \pi(\theta)d\theta + \cdots + \int_{a+(M-1)\left(\frac{b-a}{M}\right)}^{a+M\left(\frac{b-a}{M}\right)} \pi(\theta)d\theta = 1$

을 비교하면 알 수 있듯이 다음과 같은 관계가 성립합니다.

$$\dfrac{k_1}{10000} \approx P\left(a \leq \Theta \leq a + \left(\dfrac{b-a}{M}\right)\right)$$

$$= \int_a^{a+\left(\frac{b-a}{M}\right)} \pi(\theta)d\theta$$

$$\approx \pi(a) \times \dfrac{b-a}{M}$$

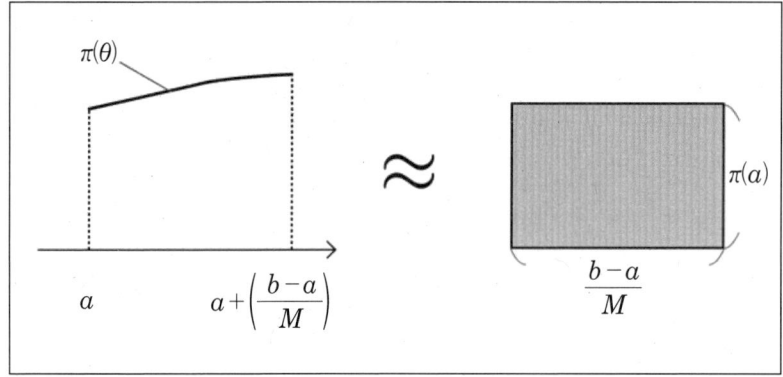

1.2 연속형 확률변수의 기댓값과 분산

좀 전에
$$\int_a^b y(\theta)\pi(\theta)d\theta \approx \frac{g(^{(1)}R)+\cdots+g(^{(10000)}R)}{10000}$$
이 성립한다고 설명했지만
이 관계는,

정의역 $[a, b]$의 b가 무한대이고 a가 무한소인 경우에도 성립해.

즉,
$$\int_{-\infty}^{\infty} g(\theta)\pi(\theta)d\theta \approx \frac{g(^{(1)}R)+\cdots+g(^{(10000)}R)}{10000}$$

이 성립한다는 거야.

다솜아 $g(\theta)=\theta$로 놓으면 어떻게 되지?

그러니까
$$\int_{-\infty}^{\infty} \theta\pi(\theta)d\theta \approx \frac{^{(1)}R+\cdots+^{(10000)}R}{10000}$$
이죠?

맞아.
$$\int_{-\infty}^{\infty} \theta\pi(\theta)d\theta \approx \frac{^{(1)}R+\cdots+^{(10000)}R}{10000}$$

$\int_{-\infty}^{\infty} \theta\pi(\theta)d\theta$는
Θ의 **기댓값** 또는 'Θ의 **평균**'이라고 하고 $E(\Theta)$라고 표기해.

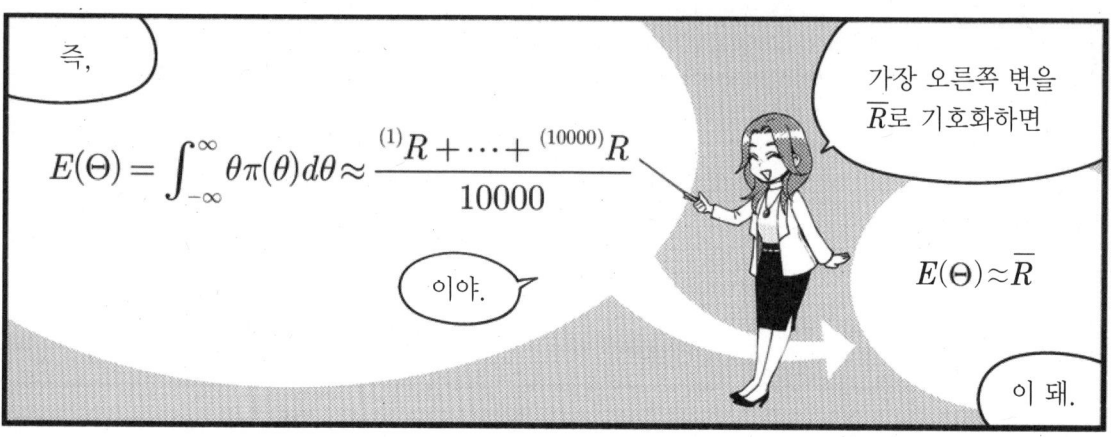

$\int_{-\infty}^{\infty}(\theta - E(\Theta))^2 \pi(\theta)d\theta$ 는 'Θ의 **분산**'이라고 하고 $V(\Theta)$로 표기해.

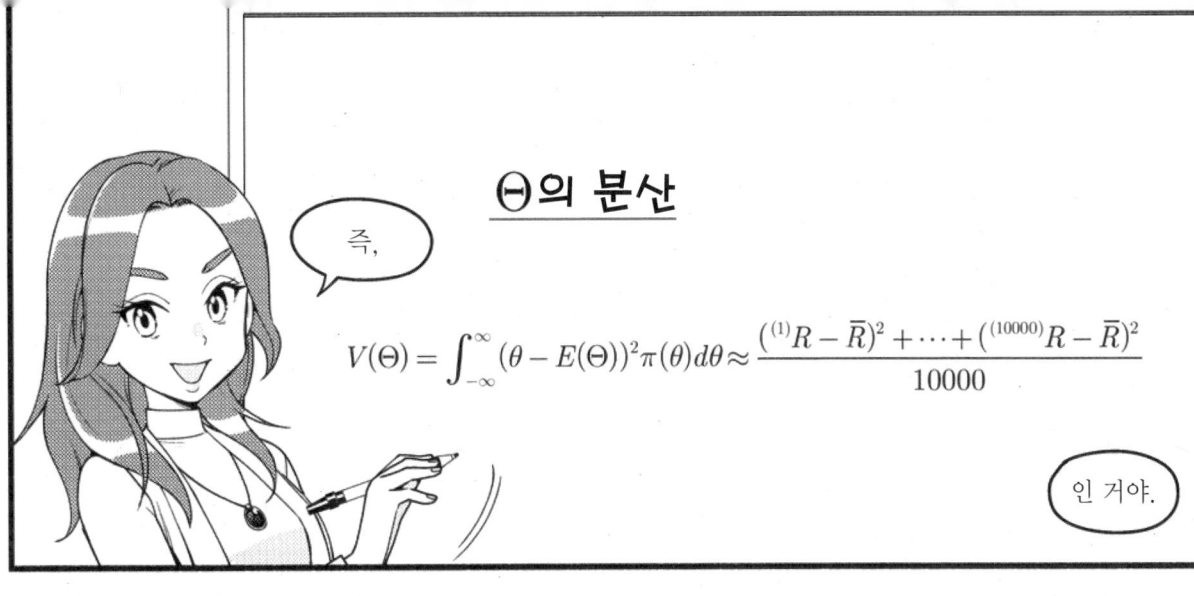

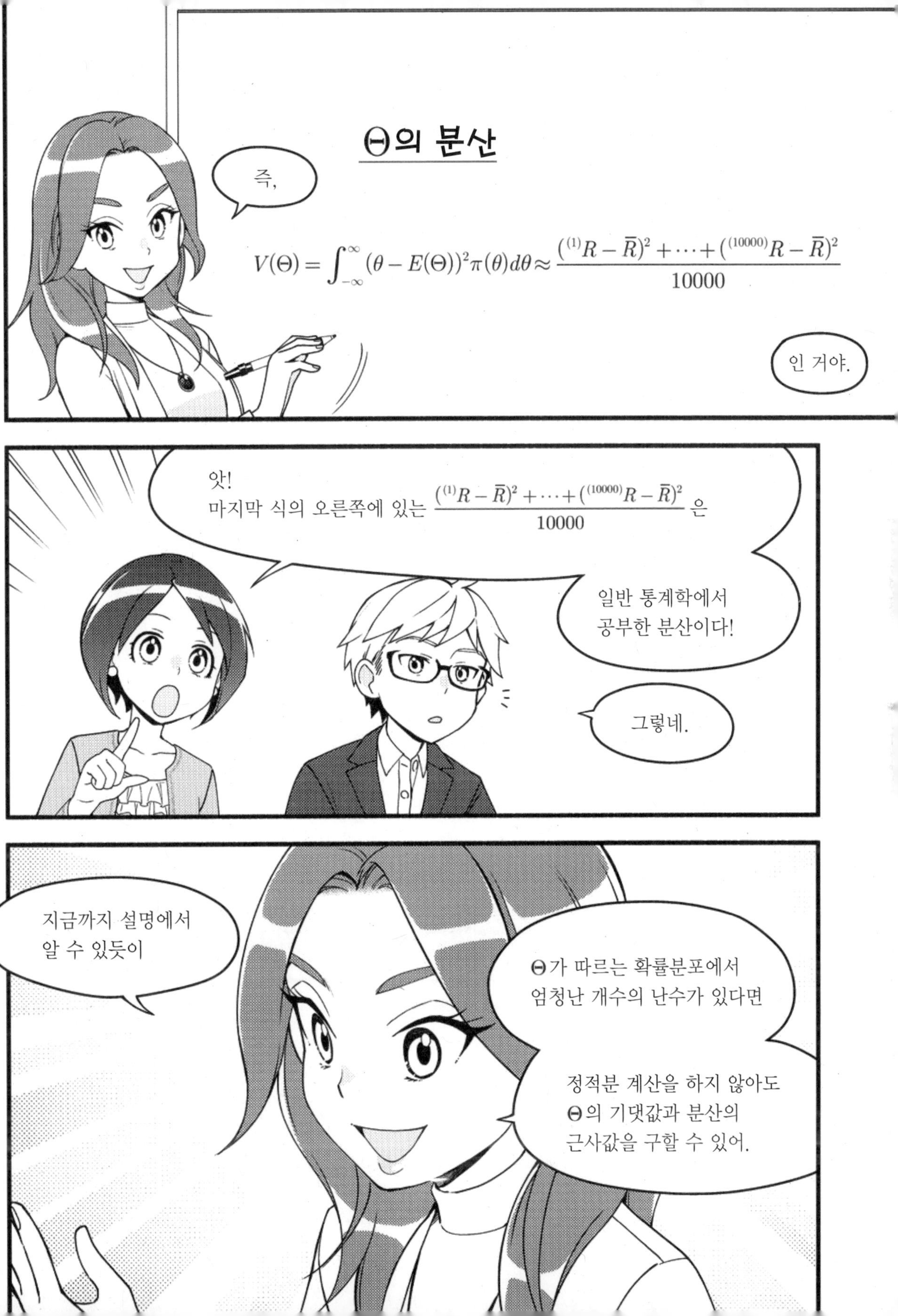

2.2 불변분포

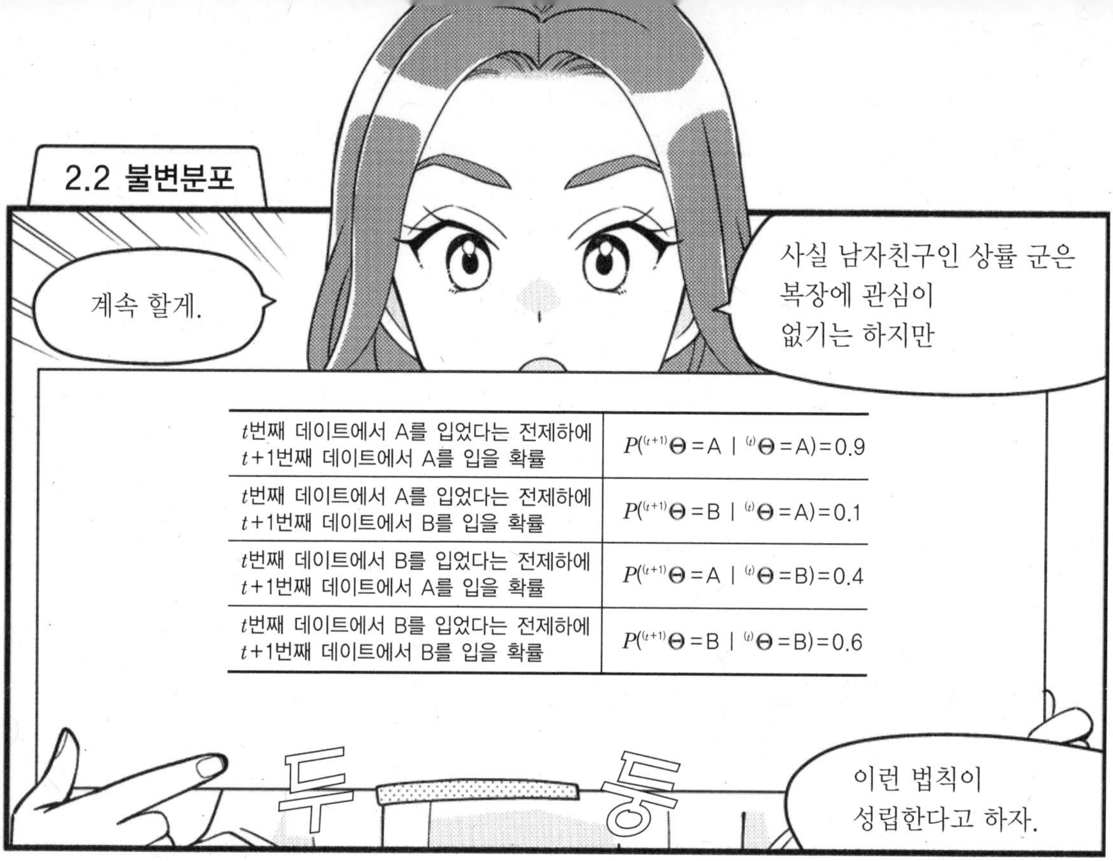

계속 할게.

사실 남자친구인 상률 군은 복장에 관심이 없기는 하지만

t번째 데이트에서 A를 입었다는 전제하에 $t+1$번째 데이트에서 A를 입을 확률	$P(^{(t+1)}\Theta = A \mid {}^{(t)}\Theta = A) = 0.9$
t번째 데이트에서 A를 입었다는 전제하에 $t+1$번째 데이트에서 B를 입을 확률	$P(^{(t+1)}\Theta = B \mid {}^{(t)}\Theta = A) = 0.1$
t번째 데이트에서 B를 입었다는 전제하에 $t+1$번째 데이트에서 A를 입을 확률	$P(^{(t+1)}\Theta = A \mid {}^{(t)}\Theta = B) = 0.4$
t번째 데이트에서 B를 입었다는 전제하에 $t+1$번째 데이트에서 B를 입을 확률	$P(^{(t+1)}\Theta = B \mid {}^{(t)}\Theta = B) = 0.6$

이런 법칙이 성립한다고 하자.

4번째 데이트에서 각 셔츠를 입고 올 확률을 행렬로 표현하면

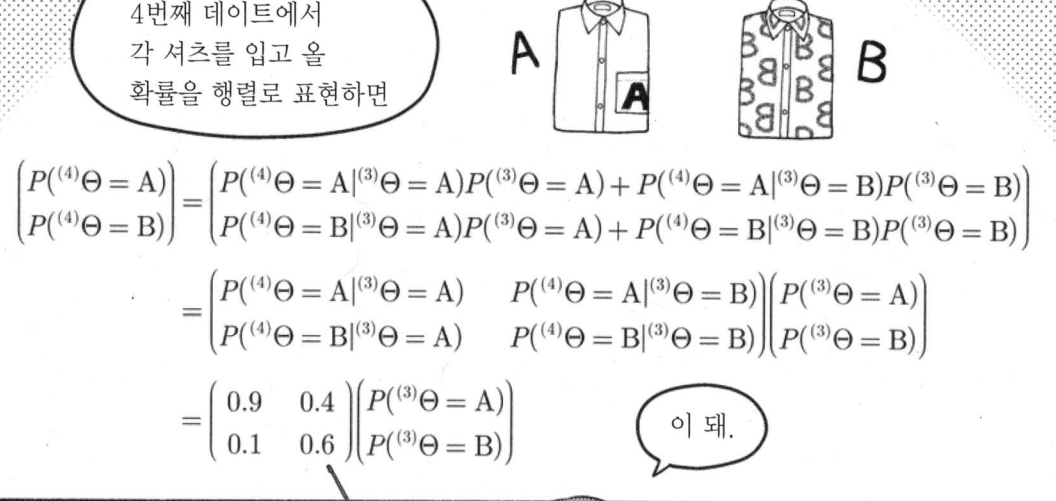

$$\begin{pmatrix} P(^{(4)}\Theta = A) \\ P(^{(4)}\Theta = B) \end{pmatrix} = \begin{pmatrix} P(^{(4)}\Theta = A|^{(3)}\Theta = A)P(^{(3)}\Theta = A) + P(^{(4)}\Theta = A|^{(3)}\Theta = B)P(^{(3)}\Theta = B) \\ P(^{(4)}\Theta = B|^{(3)}\Theta = A)P(^{(3)}\Theta = A) + P(^{(4)}\Theta = B|^{(3)}\Theta = B)P(^{(3)}\Theta = B) \end{pmatrix}$$

$$= \begin{pmatrix} P(^{(4)}\Theta = A|^{(3)}\Theta = A) & P(^{(4)}\Theta = A|^{(3)}\Theta = B) \\ P(^{(4)}\Theta = B|^{(3)}\Theta = A) & P(^{(4)}\Theta = B|^{(3)}\Theta = B) \end{pmatrix} \begin{pmatrix} P(^{(3)}\Theta = A) \\ P(^{(3)}\Theta = B) \end{pmatrix}$$

$$= \begin{pmatrix} 0.9 & 0.4 \\ 0.1 & 0.6 \end{pmatrix} \begin{pmatrix} P(^{(3)}\Theta = A) \\ P(^{(3)}\Theta = B) \end{pmatrix}$$

이 돼.

$\begin{pmatrix} 0.9 & 0.4 \\ 0.1 & 0.6 \end{pmatrix}$은 **추이확률행렬**이라고 하고

행렬 안의 각 값은 **추이확률**이라고 해.

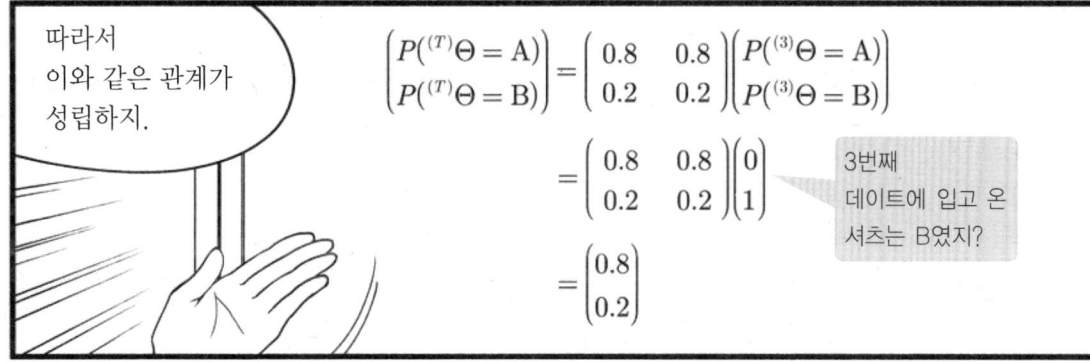

게다가

$$\begin{pmatrix} P(^{(T+1)}\Theta = A) \\ P(^{(T+1)}\Theta = B) \end{pmatrix} = \begin{pmatrix} P(^{(T+1)}\Theta = A|^{(T)}\Theta = A) & P(^{(T+1)}\Theta = A|^{(T)}\Theta = B) \\ P(^{(T+1)}\Theta = B|^{(T)}\Theta = A) & P(^{(T+1)}\Theta = B|^{(T)}\Theta = B) \end{pmatrix} \begin{pmatrix} P(^{(T)}\Theta = A) \\ P(^{(T)}\Theta = B) \end{pmatrix}$$

$$= \begin{pmatrix} 0.9 & 0.4 \\ 0.1 & 0.6 \end{pmatrix} \begin{pmatrix} 0.8 \\ 0.2 \end{pmatrix}$$

$$= \begin{pmatrix} 0.9 \times 0.8 + 0.4 \times 0.2 \\ 0.1 \times 0.8 + 0.6 \times 0.2 \end{pmatrix}$$

$$= \begin{pmatrix} 0.8 \\ 0.2 \end{pmatrix}$$

$$= \begin{pmatrix} P(^{(T)}\Theta = A) \\ P(^{(T)}\Theta = B) \end{pmatrix}$$

이라는 관계가 성립해.

이와 같이 더 이상 변동하지 않는

$^{(T)}\Theta$	A	B
$P(^{(T)}\Theta)$	0.8	0.2

에 이른 확률분포를
'$^{(1)}\Theta, {}^{(2)}\Theta, {}^{(3)}\Theta, \cdots$라는 마르코프 연쇄의 **불변분포**'라고 해.

정상분포라고도 해요.

데이트를 여러 번 하다 보면 각 셔츠를 입고 올 확률이 고정되는 거네요.

아마 이번에도 A겠지?

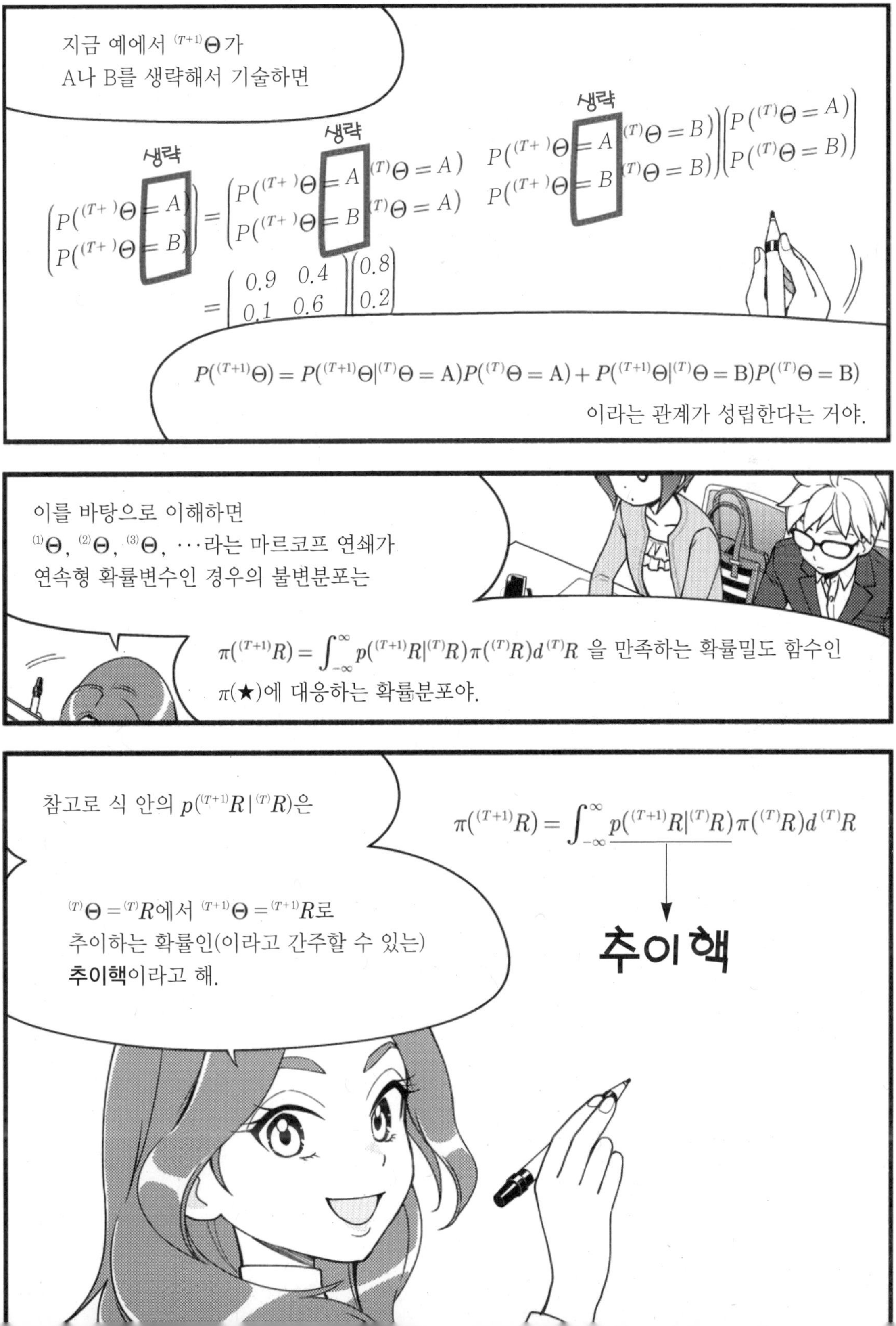

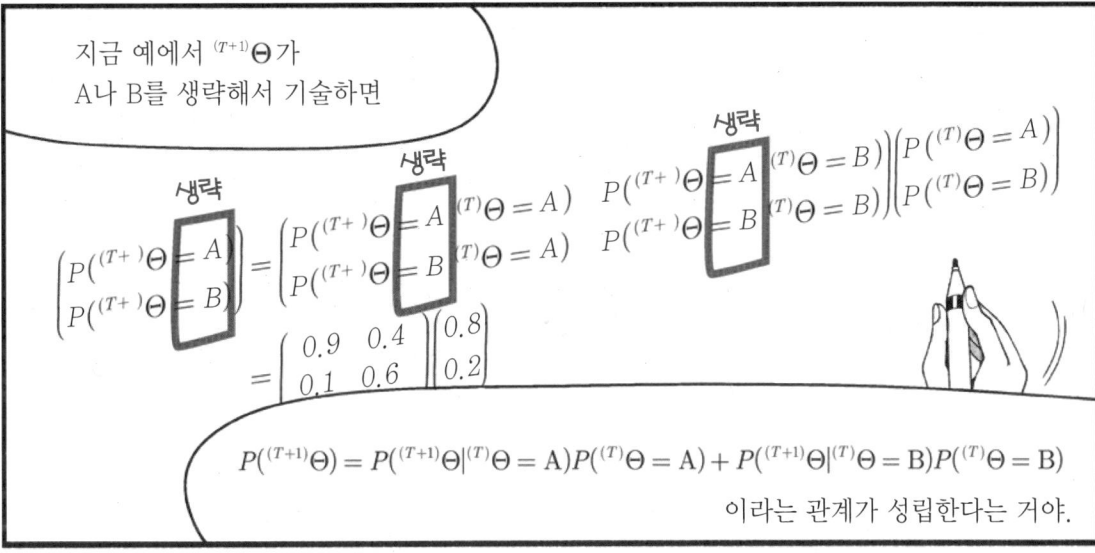

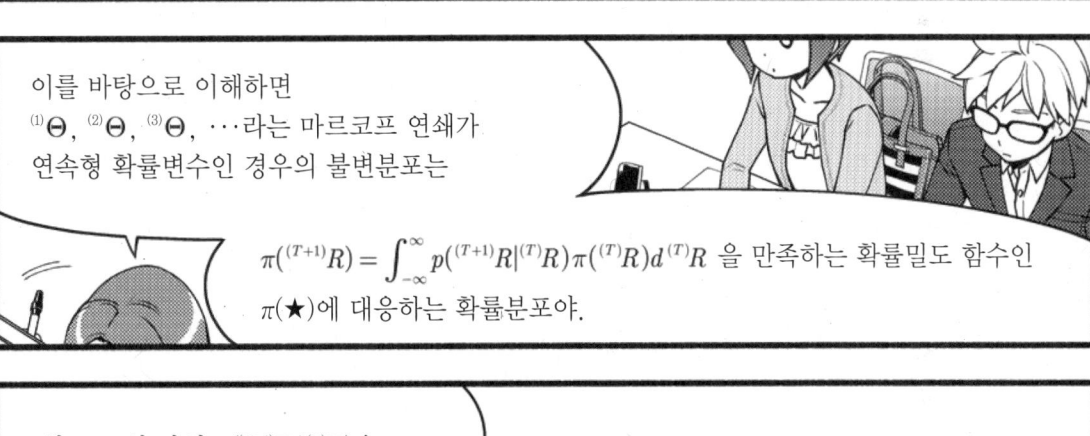

3. 마르코프 연쇄 몬테카를로 방법

3.1 마르코프 연쇄 몬테카를로 방법

앞의 마르코프 연쇄 설명에서 예로 든 셔츠 예에서,

미리 정의되어 있던 추이 확률을 기초로 계산을 반복했더니…

$$\begin{pmatrix} P(^{(t+1)}\Theta = A|^{(t)}\Theta = A) & P(^{(t+1)}\Theta = A|^{(t)}\Theta = B) \\ P(^{(t+1)}\Theta = B|^{(t)}\Theta = A) & P(^{(t+1)}\Theta = B|^{(t)}\Theta = B) \end{pmatrix} = \begin{pmatrix} 0.9 & 0.4 \\ 0.1 & 0.6 \end{pmatrix}$$

이 법칙에 기초하여 데이트를 반복했더니…

$^{(1)}\Theta, ^{(2)}\Theta, ^{(3)}\Theta, \cdots$
라는 마르코프 연쇄의 불변분포의 존재와 그 구체적인 모습이 판명됐다!

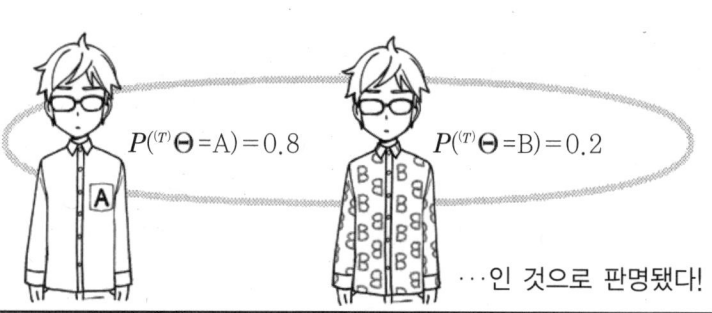

$P(^{(T)}\Theta = A) = 0.8$ $P(^{(T)}\Theta = B) = 0.2$

…인 것으로 판명됐다!

이런 흐름이었어.

이 흐름이 반대 방향으로 흐른다고 해야 할까?

마르코프 연쇄 몬테카를로 방법에서는

$^{(1)}\Theta, ^{(2)}\Theta, ^{(3)}\Theta, \cdots$라는 마르코프 연쇄의 불변분포가 존재하고 그 구체적인 모습은 어떤 Θ의 사후 분포이다.
↓
라는 결론에 달하는 추이핵 $p(^{(t+1)}R|^{(t)}R)$를 고안해 내자!

라고 발상해.

왜죠?

그런 추이핵을 고안해 내면
- $^{(T+1)}\Theta$의 확률분포는 어떤 Θ의 사후 분포와 같다
- $^{(T+2)}\Theta$의 확률분포는 어떤 Θ의 사후 분포와 같다
- $\vdots$
- $^{(T+\tau)}\Theta$의 확률분포는 어떤 Θ의 사후 분포와 같다

고 말할 수 있고

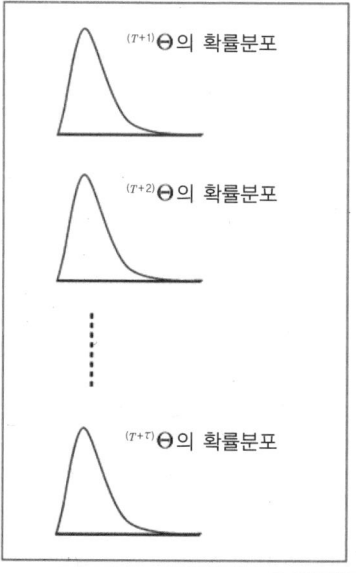

모두 형태가 똑같지 ♪

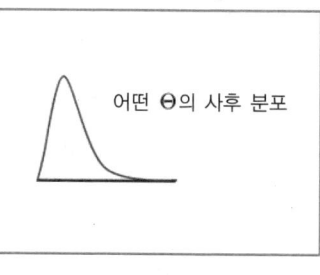

따라서 $^{(T+1)}\Theta$과 $^{(T+2)}\Theta$과 ··· 과 $^{(T+\tau)}\Theta$의 실현치로 된 집합은 어떤 Θ의 사후 분포의 τ개의 난수라고 할 수 있기 때문이야.

그 말은?

그러한 추이핵을 생각해 내면

몬테카를로 적분을 사용하여 어떤 Θ의 사후 분포의 기댓값 $E(\Theta|x)$나 분산 $V(\Theta|x)$ 등의 근삿값을 구할 수 있다는 거지.

$$E(\Theta|x) = \int_{-\infty}^{\infty} \theta \pi(\theta|x) d\theta \approx \frac{{}^{(T+1)}R + \cdots + {}^{(T+\tau)}R}{\tau} = \bar{R}$$

$$V(\Theta|x) = \int_{-\infty}^{\infty} (\theta - E(\Theta|x))^2 \pi(\theta|x) d\theta \approx \frac{({}^{(T+1)}R - \bar{R})^2 + \cdots + ({}^{(T+\tau)}R - \bar{R})^2}{\tau}$$

그렇군요!

그래서 어떤 추이핵을 생각해 내야 '⁽¹⁾Θ, ⁽²⁾Θ,⋯라는 마르코프 연쇄의 불변분포=어떤 Θ의 사후 분포'가 성립하는 거예요?

그건 나중에 설명할게.

어찌됐든 이번 수업 처음에 말한

> 마르코프 연쇄 몬테카를로 방법이란 어떤 Θ의 사후 분포 난수를 마르코프 연쇄를 이용하여 생성하고 Θ의 기댓값 등에 대한 근삿값을 몬테카를로 적분으로 구하는 방법의 총칭이다.

라는 뜻이 이해가 됐어?

네!

3.2 메트로폴리스-헤이스팅스 알고리즘

?문제

X는 자유도 ν가 9이고 중심이 0이 아니라 −16인 t분포를 따른다고 합시다. 즉 X의 확률밀도 함수는 다음과 같습니다.

$$f(x) = \frac{\Gamma\left(\frac{9+1}{2}\right)}{\sqrt{9\pi}\,\Gamma\left(\frac{9}{2}\right)} \left(\frac{1}{1 + \frac{(x-(-16))^2}{9}}\right)^{\frac{9+1}{2}}$$

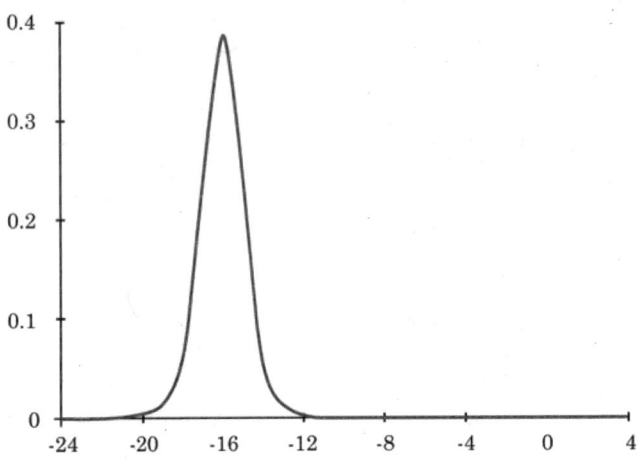

다음 표는 이 t분포의 난수를 15개 기입한 것입니다.

난수 1	−17.295	난수 9	−14.399
난수 2	−16.724	난수 10	−19.116
난수 3	−18.459	난수 11	−17.142
난수 4	−16.689	난수 12	−17.379
난수 5	−15.696	난수 13	−16.195
난수 6	−15.289	난수 14	−15.179
난수 7	−14.254	난수 15	−15.009
난수 8	−15.180	평균	−16.267

여러분은 ν가 9인 t분포로부터 이러한 난수를 얻을 수 있다는 것은 알고 있지만 중심이 −16이라는 사실은 모른다고 합시다. 다음 식에서 Θ의 추정값을 마르코프 연쇄 몬테카를로 방법으로 구하세요.

$$f(x|\Theta) = \frac{\Gamma\left(\frac{9+1}{2}\right)}{\sqrt{9\pi}\,\Gamma\left(\frac{9}{2}\right)} \left(\frac{1}{1+\frac{(x-\Theta)^2}{9}}\right)^{\frac{9+1}{2}}$$

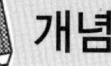

◆ 답을 도출하기까지의 흐름

베이즈 통계학에서는 추정값을 구해야 할 Θ는 상수가 아니라 확률변수라고 해석합니다. 좀 더 구체적으로 말하자면 해답은 다음과 같습니다.

- Θ의 값이 a 이상 b 이하인 주관주의 확률은 0.95이다.
- Θ의 기댓값은 ▲▲이다.

해답을 도출하는 데 사용하는 방법은 마르코프 연쇄 몬테카를로 방법 중 하나인 **메트로폴리스-헤이스팅스 알고리즘**입니다. 이름이 길기 때문에 이후는 **MH 알고리즘**으로 표기하겠습니다. 참고로 메트로폴리스와 헤이스팅스는 모두 사람 이름입니다.

MH 알고리즘의 흐름은 해답에서 자세히 설명하겠지만 대강의 흐름은 다음과 같습니다.

① Θ는 확률변수라는 점에서 균등분포나 정규분포나 역감마분포 등 어떤 확률분포를 따른다고 가정한다.

② Θ의 사전 확률밀도 함수인 $\pi(\theta)$를 정의하고 베이즈 정리로부터 Θ의 사후 확률밀도 함수인 $\pi(\theta|x_1, \cdots, x_n)$를 구한다. 이 예에서 $n=15$이다.

③ 'Θ의 확률밀도 함수가 $x_1, \cdots, x_n$의 정보가 포함되어 있는 가능도 함수 $f(x_1, \cdots, x_n|\theta)$를 곱한 결과, $\pi(\theta)$에서 $\pi(\theta|x_1, \cdots, x_n)$로 변신했다!'라고 해석한다. 말하자면 'Θ가 따르는 확률분포가 사전 분포에서 사후 분포로 변신했다!'라고 해석한다.

④ MH 알고리즘에 의해 Θ의 사후 분포의 난수를, 즉 Θ의 사후 확률밀도 함수인 $\pi(\theta|x_1, \cdots, x_n)$에 대응하는 확률분포의 난수를 생성한다. 생성된 난수로부터 몬테카를로 적분에 의해 Θ의 추정값을 구한다.

◆ **상세 균형 조건**

138쪽의 다솜이의 질문인 '어떤 추이핵을 생각해 내야 $^{(1)}\Theta, {}^{(2)}\Theta, \cdots$라는 마르코프 연쇄의 불변분포＝어떤 Θ의 사후 분포'가 성립하는가에 대해 대답하겠습니다.

$\pi(\theta|x_1,\cdots,x_n)$는 어떤 Θ의 사후 확률밀도 함수라고 합시다. $p(^{(t+1)}R|^{(t)}R)$는 $^{(t)}\Theta = {}^{(t)}R$에서 $^{(t+1)}\Theta = {}^{(t+1)}R$로 변화하는 확률인(로 간주할 수 있는) 추이핵이라고 합시다.

상세 균형 조건 또는 **상세 평형 조건, 가역성 조건**이라고 부르는

$$p(^{(t)}R|^{(t+1)}R)\pi(^{(t+1)}R|x_1,\cdots,x_n) = p(^{(t+1)}R|^{(t)}R)\pi(^{(t)}R|x_1,\cdots,x_n)$$

이라는 관계가 만일 성립한다면 $-\infty$부터 ∞까지의 정적분인

$$\int_{-\infty}^{\infty} p(^{(t)}R|^{(t+1)}R)\pi(^{(t+1)}R|x_1,\cdots,x_n)d^{(t)}R = \int_{-\infty}^{\infty} p(^{(t+1)}R|^{(t)}R)\pi(^{(t)}R|x_1,\cdots,x_n)d^{(t)}R$$

이라는 관계도 당연히 성립합니다. 위 식의 좌변을 정리하면

$$\int_{-\infty}^{\infty} p(^{(t)}R|^{(t+1)}R)\pi(^{(t+1)}R|x_1,\cdots,x_n)d^{(t)}R$$
$$= \pi(^{(t+1)}R|x_1,\cdots,x_n) \times \int_{-\infty}^{\infty} p(^{(t)}R|^{(t+1)}R)\,d^{(t)}R$$
$$= \pi(^{(t+1)}R|x_1,\cdots,x_n) \times 1$$
$$= \pi(^{(t+1)}R|x_1,\cdots,x_n)$$

이 됩니다. 이야기를 정리하자면 상세 균형 조건이 성립하면

$$\pi(^{(t+1)}R|x_1,\cdots,x_n) = \int_{-\infty}^{\infty} p(^{(t+1)}R|^{(t)}R)\pi(^{(t)}R|x_1,\cdots,x_n)d^{(t)}R$$

이라는 관계가 성립합니다.

상세 균형 조건이 성립함과 동시에 t의 값이 어느 정도 크다면 앞 단락의 마지막 식과 135쪽의 제2컷의 식을 비교하면 알 수 있듯이

- 어떤 Θ의 사후 확률밀도 함수
- $^{(1)}\Theta, {}^{(2)}\Theta, \cdots$라는 마르코프 연쇄의 불변분포에 대응하는 확률밀도 함수

가 일치합니다. 따라서 다솜이에 대한 대답은 상세 균형 조건이 성립하는 추이핵을 생각해 내면 '$^{(1)}\Theta, {}^{(2)}\Theta, \cdots$라는 마르코프 연쇄의 불변분포＝어떤 Θ의 사후 분포'가 성립한다는 것입니다.

◆ 추이핵

MH 알고리즘에서는 상세 균형 조건이 만족되도록 추이핵에 다음 3가지 제약을 부여합니다. 편의상 추이핵을 $p(^{(t+1)}R|^{(t)}R)$이 아니라 $p(\tilde{R}|^{(t)}R)$로 표현하겠습니다.

#제약 1

$p(\tilde{R}|^{(t)}R)$을

- $^{(t)}\Theta = {}^{(t)}R$의 추이처로서 $^{(t+1)}\Theta = \tilde{R}$이 제안되는 확률(로 간주하는) $q(R|\tilde{R})$
- $^{(t)}\Theta = {}^{(t)}R$의 추이처로서 실제로 $^{(t+1)}\Theta = \tilde{R}$을 채택하는 확률(로 간주하는) $\alpha(\tilde{R}|^{(t)}R)$를 곱한

$$p(\tilde{R}|^{(t)}R) = q(\tilde{R}|^{(t)}R)\alpha(\tilde{R}|^{(t)}R)$$

으로 정의합니다. 마찬가지로 $p(^{(t)}R|\tilde{R})$을

$$p(^{(t)}R|\tilde{R}) = q(^{(t)}R|\tilde{R})\alpha(^{(t)}R|\tilde{R})$$

으로 정의합니다(주). 즉 상세 균형 조건을

$$q(\tilde{R}|^{(t)}R)\alpha(\tilde{R}|^{(t)}R)\pi(^{(t)}R|x_1,\cdots,x_n) = q(^{(t)}R|\tilde{R})\alpha(^{(t)}R|\tilde{R})\pi(\tilde{R}|x_1,\cdots,x_n)$$

으로 정의합니다. 또한 식 안의 $q(\bigstar|\blacktriangle)$를 이 책에서는 **제안 확률밀도 함수**라고 부르겠습니다. 일반적으로 제안 확률밀도 함수에 대응하는 확률분포는 **제안분포**라고 합니다. 제안분포에는 난수의 생성이 쉬운 것을 할당합니다.

(주) $p(\tilde{R}|^{(t)}R)$는 '$^{(t)}\Theta = {}^{(t)}R$에서 $^{(t+1)}\Theta = \tilde{R}$로 추이했는지 아닌지'와 관련이 있으며, $p(^{(t)}R|\tilde{R})$는 '$^{(t)}\Theta = \tilde{R}$에서 $^{(t+1)}\Theta = {}^{(t)}R$로 추이했는지 아닌지'와 관련이 있습니다. 후자의 의미는 말하자면 뒤틀린 관계인 $^{(t+1)}\Theta = {}^{(t)}R$ 때문에 이해하기 힘들겠지만 R와 $^{(t)}R$은 실현치이므로 $\begin{cases}\tilde{R}=-1.7\\{}^{(t)}R=4.9\end{cases}$과 같이 구체적인 수치를 가정하면 이해하기 쉬울 것입니다.

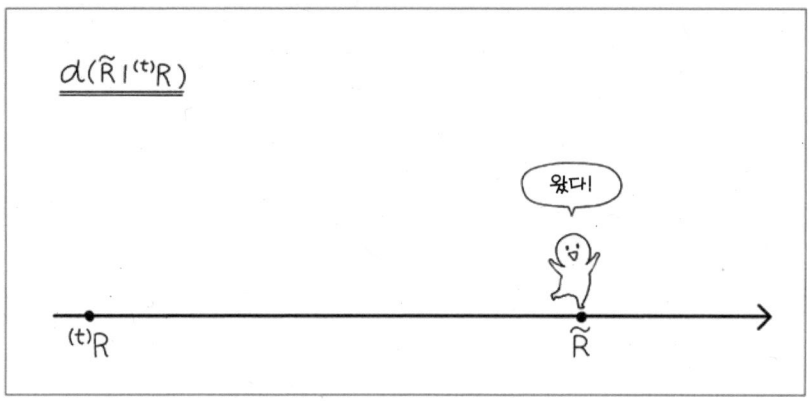

#제약 2

$\alpha(^{(t)}R|\tilde{R})=1$로 정의합니다. 즉, 상세 균형 조건을 다음과 같이 바꿔 쓸 수 있습니다.

$$q(\tilde{R}|^{(t)}R)\alpha(\tilde{R}|^{(t)}R)\pi(^{(t)}R|x_1,\cdots,x_n) = q(^{(t)}R|\tilde{R}) \times 1 \times \pi(\tilde{R}|x_1,\cdots,x_n)$$

$$\alpha(\tilde{R}|^{(t)}R) = \frac{q(^{(t)}R|\tilde{R})\pi(\tilde{R}|x_1,\cdots,x_n)}{q(\tilde{R}|^{(t)}R)\pi(^{(t)}R|x_1,\cdots,x_n)}$$

#제약 3

'$^{(t)}\Theta=^{(t)}R$의 추이처로서 $^{(t+1)}\Theta=\tilde{R}$을 채택하는 확률'로 간주할 수 있다면 $\alpha(\tilde{R}|^{(t)}R)$이 취할 수 있는 값은 0 이상 1 이하의 값입니다. 이것과 제약 2를 바탕으로 $\alpha(\tilde{R}|^{(t)}R)$의 값을 다음과 같이 정의합니다.

$$\alpha(\tilde{R}|^{(t)}R) = \begin{cases} \dfrac{q(^{(t)}R|\tilde{R})\pi(\tilde{R}|x_1,\cdots,x_n)}{q(\tilde{R}|^{(t)}R)\pi(^{(t)}R|x_1,\cdots,x_n)} \geq 1 \text{인 경우는 } 1 \\ \dfrac{q(^{(t)}R|\tilde{R})\pi(\tilde{R}|x_1,\cdots,x_n)}{q(\tilde{R}|^{(t)}R)\pi(^{(t)}R|x_1,\cdots,x_n)} < 1 \text{인 경우는 } \dfrac{q(^{(t)}R|\tilde{R})\pi(\tilde{R}|x_1,\cdots,x_n)}{q(\tilde{R}|^{(t)}R)\pi(^{(t)}R|x_1,\cdots,x_n)} \end{cases}$$

$$= \min\left\{1, \dfrac{q(^{(t)}R|\tilde{R})\pi(\tilde{R}|x_1,\cdots,x_n)}{q(\tilde{R}|^{(t)}R)\pi(^{(t)}R|x_1,\cdots,x_n)}\right\}$$

요약하자면 다음과 같습니다.

- $\dfrac{q(^{(t)}R \mid \tilde{R})\pi(\tilde{R} \mid x_1, \cdots, x_n)}{q(\tilde{R} \mid ^{(t)}R)\pi(^{(t)}R \mid x_1, \cdots, x_n)} \geq 1$이라면 $^{(t)}R$에서 $\tilde{R}$로 반드시 추이시킨다.

- $\dfrac{q(^{(t)}R \mid \tilde{R})\pi(\tilde{R} \mid x_1, \cdots, x_n)}{q(\tilde{R} \mid ^{(t)}R)\pi(^{(t)}R \mid x_1, \cdots, x_n)} < 1$이라면

  $\dfrac{q(^{(t)}R \mid \tilde{R})\pi(\tilde{R} \mid x_1, \cdots, x_n)}{q(\tilde{R} \mid ^{(t)}R)\pi(^{(t)}R \mid x_1, \cdots, x_n)}$의 확률로 $^{(t)}R$에서 $\tilde{R}$로 추이시키고

  $\left[1 - \dfrac{q(^{(t)}R \mid \tilde{R})\pi(\tilde{R} \mid x_1, \cdots, x_n)}{q(\tilde{R} \mid ^{(t)}R)\pi(^{(t)}R \mid x_1, \cdots, x_n)}\right]$의 확률로 $^{(t)}R$에서 멈춘다.

아래 계산으로부터 MH 알고리즘에서는 상세 균형 조건을 만족시키고 있다는 것을 알 수 있습니다.

$$p(\tilde{R} \mid ^{(t)}R)\pi(^{(t)}R \mid x_1, \cdots, x_n)$$
$$= q(\tilde{R} \mid ^{(t)}R)\alpha(\tilde{R} \mid ^{(t)}R)\pi(^{(t)}R \mid x_1, \cdots, x_n)$$
$$= q(\tilde{R} \mid ^{(t)}R) \times \min\left\{1, \dfrac{q(^{(t)}R \mid \tilde{R})\pi(\tilde{R} \mid x_1, \cdots, x_n)}{q(\tilde{R} \mid ^{(t)}R)\pi(^{(t)}R \mid x_1, \cdots, x_n)}\right\} \times \pi(^{(t)}R \mid x_1, \cdots, x_n)$$
$$= \min\left\{q(\tilde{R} \mid ^{(t)}R)\pi(^{(t)}R \mid x_1, \cdots, x_n),\ q(^{(t)}R \mid \tilde{R})\pi(\tilde{R} \mid x_1, \cdots, x_n)\right\}$$
$$= q(^{(t)}R \mid \tilde{R}) \times \min\left\{\dfrac{q(\tilde{R} \mid ^{(t)}R)\pi(^{(t)}R \mid x_1, \cdots, x_n)}{q(^{(t)}R \mid \tilde{R})\pi(\tilde{R} \mid x_1, \cdots, x_n)}, 1\right\} \times \pi(\tilde{R} \mid x_1, \cdots, x_n)$$
$$= q(^{(t)}R \mid \tilde{R})\alpha(^{(t)}R \mid \tilde{R})\pi(\tilde{R} \mid x_1, \cdots, x_n)$$
$$= p(^{(t)}R \mid \tilde{R})\pi(\tilde{R} \mid x_1, \cdots, x_n)$$

◆제안분포

제안분포의 후보 중 하나로 **취보연쇄**가 있는데 이것은 다음과 같은 것입니다.

$$q(\tilde{R} \mid {}^{(t)}R) = \frac{1}{\sqrt{2\pi}d} \exp\left(-\frac{(\tilde{R} - {}^{(t)}R)^2}{2d^2}\right)$$

즉, 다음과 같습니다.

$$q(\tilde{R} \mid {}^{(t)}R) = \frac{1}{\sqrt{2\pi}d} \exp\left(-\frac{(\tilde{R} - {}^{(t)}R)^2}{2d^2}\right)$$
$$= \frac{1}{\sqrt{2\pi}d} \exp\left(-\frac{({}^{(t)}R - \tilde{R})^2}{2d^2}\right)$$
$$= q({}^{(t)}R \mid \tilde{R})$$

이것을 적용하여 이번 예제를 살펴봅시다. 또한 d는 편의상 문자로 표기했지만 실제로는 분석자가 구체적인 값을 설정하는 것입니다.

지금 말한 $q(\tilde{R} \mid {}^{(t)}R) = q({}^{(t)}R \mid \tilde{R})$라는 관계에서 알 수 있듯이 144쪽에서 말한 $\alpha(\tilde{R} \mid {}^{(t)}R)$는 취보연쇄를 따른 MH 알고리즘에서는 다음과 같이 변화합니다.

$$\alpha(\tilde{R} \mid {}^{(t)}R) = \begin{cases} \dfrac{q({}^{(t)}R \mid \tilde{R})\pi(\tilde{R} \mid x_1, \cdots, x_n)}{q(\tilde{R} \mid {}^{(t)}R)\pi({}^{(t)}R \mid x_1, \cdots, x_n)} = \dfrac{\pi(\tilde{R} \mid x_1, \cdots, x_n)}{\pi({}^{(t)}R \mid x_1, \cdots, x_n)} \geq 1\text{인 경우는 } 1 \\[2ex] \dfrac{q({}^{(t)}R \mid \tilde{R})\pi(\tilde{R} \mid x_1, \cdots, x_n)}{q(\tilde{R} \mid {}^{(t)}R)\pi({}^{(t)}R \mid x_1, \cdots, x_n)} = \dfrac{\pi(\tilde{R} \mid x_1, \cdots, x_n)}{\pi({}^{(t)}R \mid x_1, \cdots, x_n)} < 1\text{인 경우는 } \dfrac{\pi(\tilde{R} \mid x_1, \cdots, x_n)}{\pi({}^{(t)}R \mid x_1, \cdots, x_n)} \end{cases}$$

말하자면 다음과 같은 것입니다.

- $\dfrac{\pi(\tilde{R} \mid x_1, \cdots, x_n)}{\pi(^{(t)}R \mid x_1, \cdots, x_n)} \geq 1$이었다면 $^{(t)}R$에서 $\tilde{R}$로 반드시 추이시킨다.

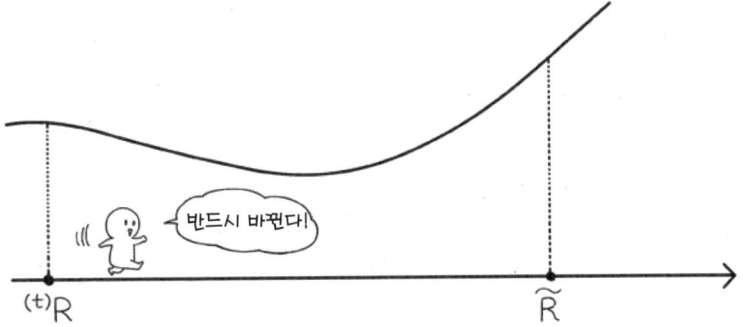

- $\dfrac{\pi(\tilde{R} \mid x_1, \cdots, x_n)}{\pi(^{(t)}R \mid x_1, \cdots, x_n)} < 1$이라면, $\dfrac{\pi(\tilde{R} \mid x_1, \cdots, x_n)}{\pi(^{(t)}R \mid x_1, \cdots, x_n)}$의 확률로 $^{(t)}R$에서 $\tilde{R}$로 추이시키고, $\left[1 - \dfrac{\pi(\tilde{R} \mid x_1, \cdots, x_n)}{\pi(^{(t)}R \mid x_1, \cdots, x_n)}\right]$의 확률로 $^{(t)}R$에서 멈춘다.

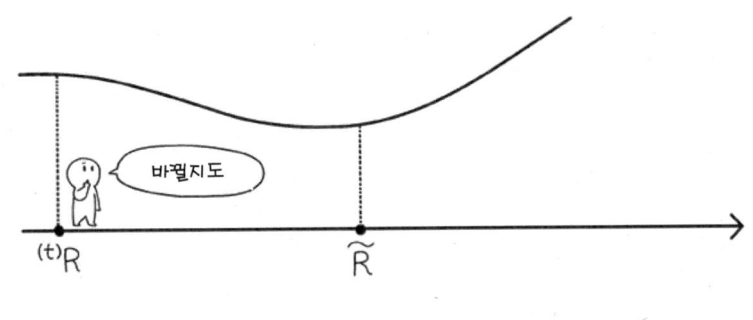

그렇군요.

이 예에서 Θ의 추정값은 아래에서 설명하는 Step 1에서 Step 8까지의 계산에 따라 구할 수 있습니다.

!해답

Step 1

사전 확률밀도 함수와 가능도 함수와 사후 확률밀도 함수의 관계를 확인한다.

사전 확률밀도 함수와 가능도 함수와 사후 확률밀도 함수의 관계는 다음과 같다.

$$\pi(\theta|x_1, \cdots, x_{15}) = \frac{f(x_1, \cdots, x_{15}|\theta)\pi(\theta)}{\int_{-\infty}^{\infty} f(x_1, \cdots, x_{15}|\theta)\pi(\theta)d\theta}$$

편의상 표기하지 않았지만 x_1부터 x_{15}까지의 구체적인 값은 140쪽의 표와 똑같습니다.

Step 2

사전 확률밀도 함수를 정의한다.

140쪽의 표에서 알 수 있듯이 15개의 난수 값은 모두 음수이며 평균은 -16.267이다. 따라서 Θ의 진짜 값은 -16 전후가 아닐까 또는 적어도 마이너스가 아닐까 라고 생각할 수 있다. 하지만 성급히 결론 짓는 것은 좋지 않으므로 Θ의 사전 확률분포를

$$\Theta \sim U(-10000, 10000)$$

으로 정의한다. 즉 Θ의 사전 확률밀도 함수인 $\pi(\Theta)$를 다음과 같이 정의한다.

$$\pi(\theta) = \begin{cases} -10000 \leq \theta \leq 10000\text{의 경우} & \dfrac{1}{10000-(-10000)} \\ \text{그 외의 경우는} & 0 \end{cases}$$

로 정의한다.

$\pi(\theta)$의 정의는 주관이나 선행 연구 등을 바탕으로 분석자가 주체적으로 정의합니다.

Step 3

가능도 함수를 정리한다.

가능도 함수 $f(x_1, \cdots, x_{15}|\theta)$는 다음과 같이 정리할 수 있다.

$$f(x_1, \cdots, x_{15}|\theta) = \frac{\Gamma\left(\frac{9+1}{2}\right)}{\sqrt{9\pi}\,\Gamma\left(\frac{9}{2}\right)} \left(\frac{1}{1+\frac{(x_1-\theta)^2}{9}}\right)^{\frac{9+1}{2}} \times \cdots \times \frac{\Gamma\left(\frac{9+1}{2}\right)}{\sqrt{9\pi}\,\Gamma\left(\frac{9}{2}\right)} \left(\frac{1}{1+\frac{(x_{15}-\theta)^2}{9}}\right)^{\frac{9+1}{2}}$$

$$= \left(\frac{\Gamma\left(\frac{9+1}{2}\right)}{\sqrt{9\pi}\,\Gamma\left(\frac{9}{2}\right)}\right)^{15} \times \frac{1}{\left(1+\frac{(x_1-\theta)^2}{9}\right)^{\frac{9+1}{2}} \times \cdots \times \left(1+\frac{(x_{15}-\theta)^2}{9}\right)^{\frac{9+1}{2}}}$$

Step 4

$\dfrac{\pi(\tilde{R}\,|\,x_1,\cdots,x_n)}{\pi(^{(t)}R\,|\,x_1,\cdots,x_n)}$ 을 정리한다.

$\dfrac{\pi(\tilde{R}\,|\,x_1,\cdots,x_{15})}{\pi(^{(t)}R\,|\,x_1,\cdots,x_{15})}$

$= \dfrac{\dfrac{f(x_1,\cdots,x_{15}|\tilde{R})\pi(\tilde{R})}{\int_{-\infty}^{\infty} f(x_1,\cdots,x_{15}|\theta)\pi(\theta)d\theta}}{\dfrac{f(x_1,\cdots,x_{15}|^{(t)}R)\pi(^{(t)}R)}{\int_{-\infty}^{\infty} f(x_1,\cdots,x_{15}|\theta)\pi(\theta)d\theta}}$

$= \dfrac{f(x_1,\cdots,x_{15}|\tilde{R})\pi(\tilde{R})}{f(x_1,\cdots,x_{15}|^{(t)}R)\pi(^{(t)}R)}$

$= \dfrac{\left\{\left(\dfrac{\Gamma\left(\dfrac{9+1}{2}\right)}{\sqrt{9\pi}\,\Gamma\left(\dfrac{9}{2}\right)}\right)^{15} \times \dfrac{1}{\left(1+\dfrac{(x_1-\tilde{R})^2}{9}\right)^{\frac{9+1}{2}} \times \cdots \times \left(1+\dfrac{(x_{15}-\tilde{R})^2}{9}\right)^{\frac{9+1}{2}}}\right\} \times \dfrac{1}{10000-(-10000)}}{\left\{\left(\dfrac{\Gamma\left(\dfrac{9+1}{2}\right)}{\sqrt{9\pi}\,\Gamma\left(\dfrac{9}{2}\right)}\right)^{15} \times \dfrac{1}{\left(1+\dfrac{(x_1-^{(t)}R)^2}{9}\right)^{\frac{9+1}{2}} \times \cdots \times \left(1+\dfrac{(x_{15}-^{(t)}R)^2}{9}\right)^{\frac{9+1}{2}}}\right\} \times \dfrac{1}{10000-(-10000)}}$

$= \left(\dfrac{1+\dfrac{(x_1-^{(t)}R)^2}{9}}{1+\dfrac{(x_1-\tilde{R})^2}{9}}\right)^{\frac{9+1}{2}} \times \cdots \times \left(\dfrac{1+\dfrac{(x_{15}-^{(t)}R)^2}{9}}{1+\dfrac{(x_{15}-\tilde{R})^2}{9}}\right)^{\frac{9+1}{2}}$

Step 5

제안분포인 $N(^{(0)}R, d^2)$에서 $^{(0)}R$의 값과 d^2의 값을 정의한다.

$^{(0)}R = 0$으로 한다. $d^2 = 0.2^2$로 한다.

$^{(0)}R$의 값은 여기서는 0으로 했지만 몇 개라도 상관없습니다. 몇 종류의 값을 $^{(0)}R$으로 정의하고 각 값별로 Step 이후의 절차를 밟아 얻어진 결과가 동등하다면 '$^{(0)}R$의 값이 무엇이든 분석이 제대로 되었다'고 해석하는 것이 좋습니다.

Step 6

제안분포 $N(^{(0)}R, d^2)$의 난수인 $\tilde{R}$을 생성하여 $\dfrac{\pi(\tilde{R}|x_1,\cdots,x_n)}{\pi(^{(0)}R|x_1,\cdots,x_n)}$ 의 값을 구하고 $^{(1)}\Theta$의 실현치인 $^{(1)}R$을 다음과 같이 정한다.

- 1 이상이었다면 $^{(1)}R = \tilde{R}$로 한다.
- 1 미만이었다면 균등분포 $U(0, 1)$의 난수를 1개 생성하고 그것과 $\dfrac{\pi(\tilde{R}|x_1,\cdots,x_n)}{\pi(^{(0)}R|x_1,\cdots,x_n)}$ 의 대소를 비교한다. 난수가 작으면 $^{(1)}R = \tilde{R}$로 한다. 난수가 크면 $\tilde{R}$로 추이시키지 말고 $^{(1)}R = {^{(0)}R}$로 한다.

$\tilde{R} = -0.030$이었다. 따라서

$$\dfrac{\pi(\tilde{R}|x_1,\cdots,x_{15})}{\pi(^{(0)}R|x_1,\cdots,x_{15})} = \dfrac{\pi(-0.030|-17.295,\cdots,-15.009)}{\pi(0|-17.295,\cdots,-15.009)}$$

$$= \left(\dfrac{1+\dfrac{(-17.295-0)^2}{9}}{1+\dfrac{(-17.295-(-0.030))^2}{9}}\right)^{\frac{9+1}{2}} \times \cdots \times \left(\dfrac{1+\dfrac{(-15.009-0)^2}{9}}{1+\dfrac{(-15.009-(-0.030))^2}{9}}\right)^{\frac{9+1}{2}}$$

$$= 1.305$$

이 된다. 1 이상이므로 $^{(1)}R = \tilde{R} = -0.030$으로 한다.

Step 7

제안분포 $N(^{(1)}R, d^2)$의 난수인 $\tilde{R}$을 생성하여 $\dfrac{\pi(\tilde{R}\,|\,x_1,\cdots,x_n)}{\pi(^{(1)}R\,|\,x_1,\cdots,x_n)}$ 의 값을 구하고 $^{(2)}\Theta$의 실현치인 $^{(2)}R$을 다음과 같이 정한다.

- 1 이상이었다면 $^{(2)}R = \tilde{R}$로 한다.
- 1 미만이었다면 균등분포 $U(0, 1)$의 난수를 1개 생성하고 그것과 $\dfrac{\pi(\tilde{R}\,|\,x_1,\cdots,x_n)}{\pi(^{(1)}R\,|\,x_1,\cdots,x_n)}$ 의 대소를 비교한다. 난수가 작으면 $^{(2)}R = \tilde{R}$로 한다. 난수가 크면 $\tilde{R}$로 추이시키지 말고 $^{(2)}R = {}^{(1)}R$로 한다.

$\tilde{R}=0.051$이었다. 따라서

$$\dfrac{\pi(\tilde{R}\,|\,x_1,\cdots,x_{15})}{\pi(^{(1)}R\,|\,x_1,\cdots,x_{15})} = \left(\dfrac{1+\dfrac{(-17.295-(-0.030))^2}{9}}{1+\dfrac{(-17.295-0.051)^2}{9}}\right)^{\frac{9+1}{2}} \times \cdots \times \left(\dfrac{1+\dfrac{(-15.009-(-0.030))^2}{9}}{1+\dfrac{(-15.009-0.051)^2}{9}}\right)^{\frac{9+1}{2}}$$
$$= 0.484$$

이 된다. $U(0, 1)$의 난수를 1개 생성했을 때 0.493이었으므로 $^{(2)}R = {}^{(1)}R = -0.030$으로 한다.

Step 8

Step 6과 Step 7과 똑같은 풀이를 계속 반복한다. 값이 안정되었다고 생각되는 $^{(T)}R$ 이후의 난수를 사용하여 Θ의 추정값을 구한다.

11,000번을 반복한 결과를 나타낸 것이 다음 페이지의 그래프이다. 가로축은 t를 의미하고, 세로축은 $^{(t)}R$을 의미한다. 그래프에서 알 수 있듯이 $t=500$에 도달하지 않은 단계에서 $^{(t)}R$의 변화가 거의 없다. 다시 말하면 $t=500$ 이후의 $^{(t)}R$은 $^{(1)}\Theta$, $^{(2)}\Theta$, $^{(3)}\Theta$, $\cdots$라는 마르코프 연쇄 불변분포의 난수, 즉 Θ의 사후 분포의 난수라고 할 수 있다.

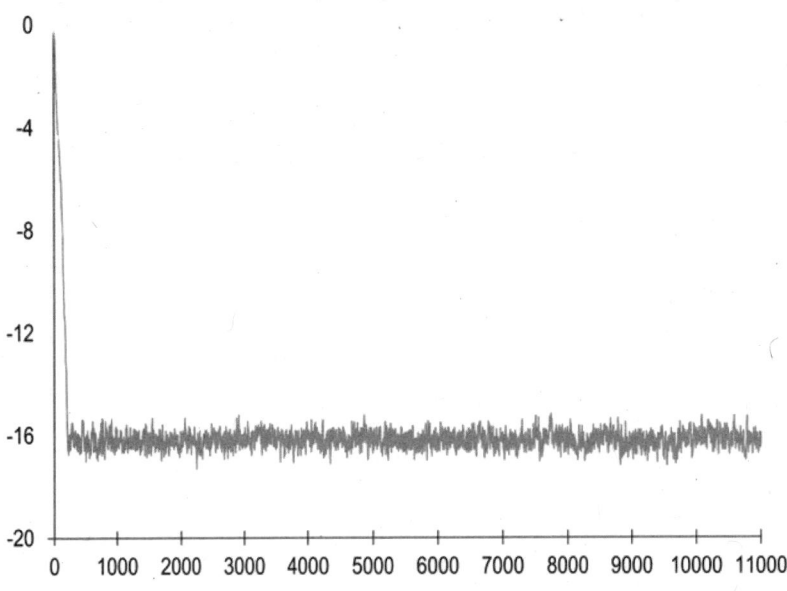

아래 표는 $^{(501)}R$부터 $^{(10500)}R$까지 10,000개의 난수를 바탕으로 정리한 것이다.

$^{(501)}R$	-16.514
$^{(502)}R$	-16.598
$\vdots$	$\vdots$
$^{(10500)}R$	-16.408
$E(\Theta\|x_1,\cdots,x_{15})$	$\int_{-\infty}^{\infty}\theta\pi(\theta\|x_1,\cdots,x_{15})d\theta \approx \bar{R} = \dfrac{^{(501)}R + \cdots + ^{(10500)}R}{10000} = -16.201$
$V(\Theta\|x_1,\cdots,x_{15})$	$\int_{-\infty}^{\infty}(\theta - E(\Theta\|x_1,\cdots,x_{15}))^2\pi(\theta\|x_1,\cdots,x_{15})d\theta \approx \dfrac{(^{(501)}R - \bar{R})^2 + \cdots + (^{(10500)}R - \bar{R})^2}{10000}$ $= 0.091$

$E(\Theta\|x_1,\cdots,x_{15})$는 **사후 기댓값**이라고 하며, $V(\Theta\|x_1,\cdots,x_{15})$는 **사후 분산**이라고 합니다.

아래 그림은 가로축이 난수($t \geq 501$)의 값이고 세로축이 도수인 히스토그램입니다. 거의 좌우 대칭인 모양인 것을 알 수 있습니다.

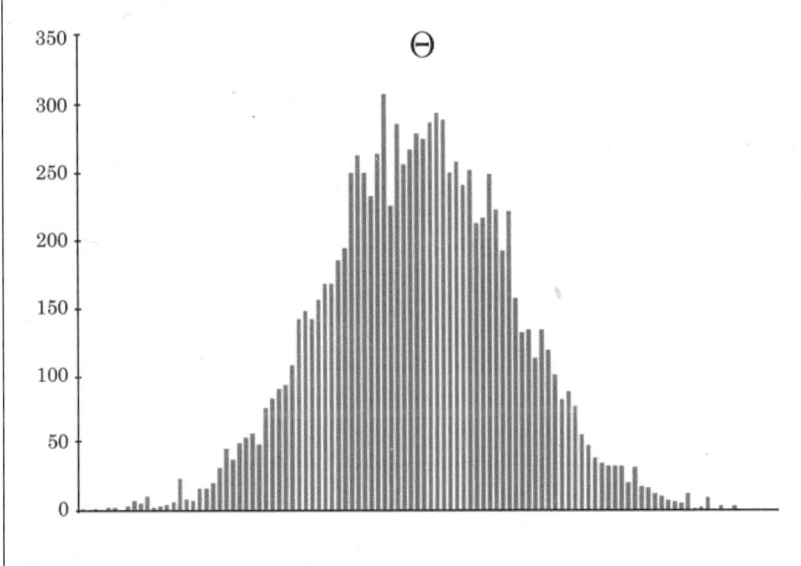

3.3 깁스 표집

이전 시간에 설명한 것처럼 정규분포의 확률밀도 함수는

$$f(x) = \frac{1}{\sqrt{2\pi}\sigma} \exp\left(-\frac{(x-\mu)^2}{2\sigma^2}\right)$$

쓱 쓱

이야.

이 식에서 μ와 σ^2와 같이 확률분포를 특징짓는 것을

파라미터 또는 **모수**라고 해.

σ^2이 크다

σ^2이 작다

그럼 좀 전의 MH 알고리즘 예에서는 추정값을 구해야 할 파라미터의 종류는 Θ 하나뿐이라

$^{(t)}\Theta = {}^{(t)}R$의 추이처로서
$^{(t+1)}\Theta = \tilde{R}$을 채택할 확률은

$$\alpha(\tilde{R} \mid {}^{(t)}R) = \frac{q({}^{(t)}R \mid \tilde{R})\pi(\tilde{R} \mid x_1, \cdots, x_n)}{q(\tilde{R} \mid {}^{(t)}R)\pi({}^{(t)}R \mid x_1, \cdots, x_n)}$$

이었어.

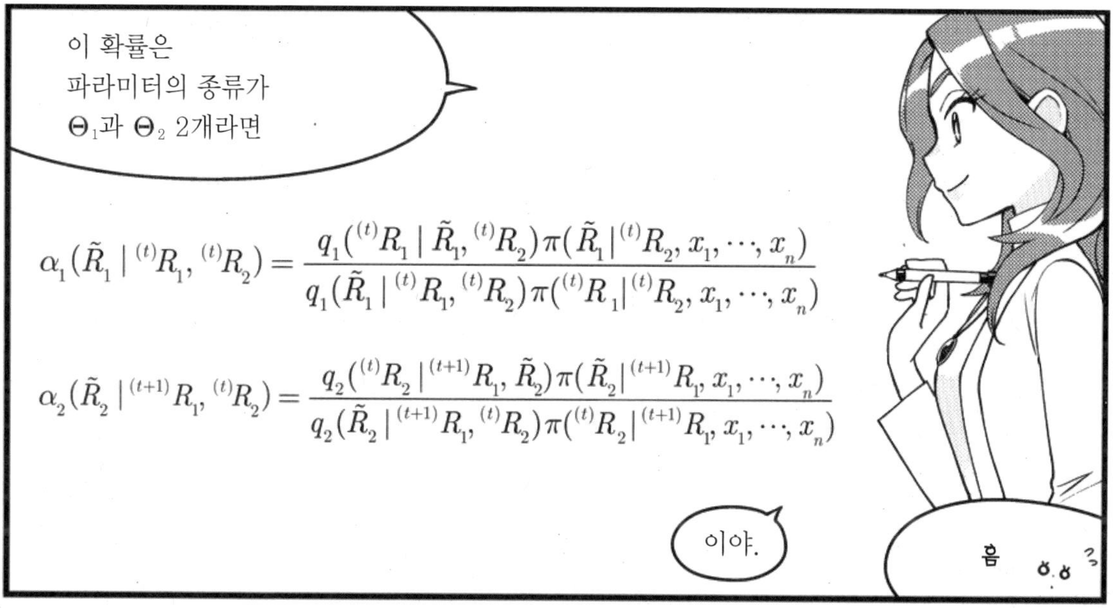

이 확률은 파라미터의 종류가 Θ_1과 Θ_2 2개라면

$$\alpha_1(\tilde{R}_1 \mid {}^{(t)}R_1, {}^{(t)}R_2) = \frac{q_1({}^{(t)}R_1 \mid \tilde{R}_1, {}^{(t)}R_2)\pi(\tilde{R}_1 \mid {}^{(t)}R_2, x_1, \cdots, x_n)}{q_1(\tilde{R}_1 \mid {}^{(t)}R_1, {}^{(t)}R_2)\pi({}^{(t)}R_1 \mid {}^{(t)}R_2, x_1, \cdots, x_n)}$$

$$\alpha_2(\tilde{R}_2 \mid {}^{(t+1)}R_1, {}^{(t)}R_2) = \frac{q_2({}^{(t)}R_2 \mid {}^{(t+1)}R_1, \tilde{R}_2)\pi(\tilde{R}_2 \mid {}^{(t+1)}R_1, x_1, \cdots, x_n)}{q_2(\tilde{R}_2 \mid {}^{(t+1)}R_1, {}^{(t)}R_2)\pi({}^{(t)}R_2 \mid {}^{(t+1)}R_1, x_1, \cdots, x_n)}$$

이야.

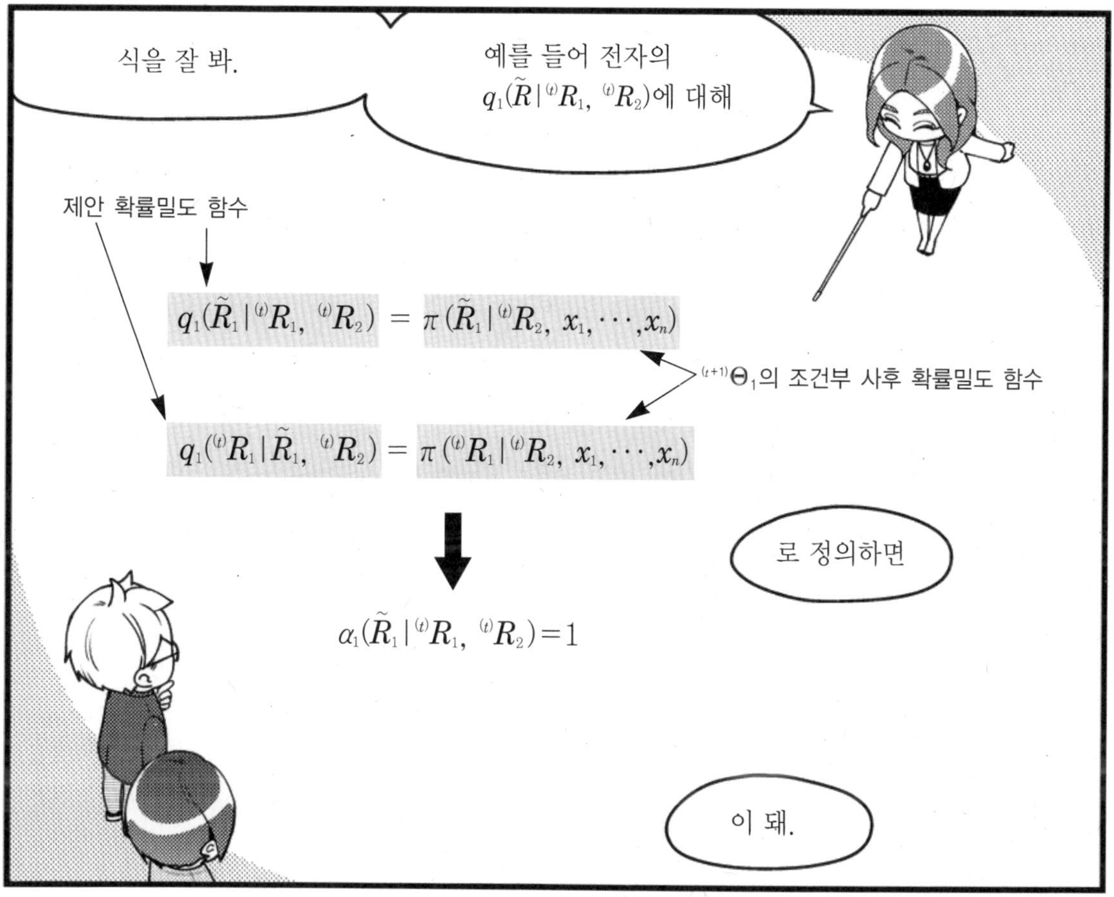

식을 잘 봐.

예를 들어 전자의 $q_1(\tilde{R} \mid {}^{(t)}R_1, {}^{(t)}R_2)$에 대해

제안 확률밀도 함수

$$q_1(\tilde{R}_1 \mid {}^{(t)}R_1, {}^{(t)}R_2) = \pi(\tilde{R}_1 \mid {}^{(t)}R_2, x_1, \cdots, x_n)$$

${}^{(t+1)}\Theta_1$의 조건부 사후 확률밀도 함수

$$q_1({}^{(t)}R_1 \mid \tilde{R}_1, {}^{(t)}R_2) = \pi({}^{(t)}R_1 \mid {}^{(t)}R_2, x_1, \cdots, x_n)$$

로 정의하면

$$\alpha_1(\tilde{R}_1 \mid {}^{(t)}R_1, {}^{(t)}R_2) = 1$$

이 돼.

제5장 마르코프 연쇄 몬테카를로 방법

- $\alpha_1(\tilde{R}_1 | {}^{(t)}R_1, {}^{(t)}R_2)=1$이므로 ${}^{(t)}\Theta_1={}^{(t)}R_1$의 추이로서 ${}^{(t+1)}\Theta_1=\tilde{R}_1$을 반드시 채택한다.
- 제안 확률밀도 함수는 ${}^{(t+1)}\Theta_1$의 조건부 사후 확률밀도 함수다.

마찬가지로 $q_2(\tilde{R}_2 | {}^{(t+1)}R_1, {}^{(t)}R_2)$에 대해

제안 확률밀도 함수

$$q_2(\tilde{R}_2 | {}^{(t+1)}R_1, {}^{(t)}R_2) = \pi(\tilde{R}_2 | {}^{(t+1)}R_1, x_1, \cdots, x_n)$$

${}^{(t+1)}\Theta_2$의 조건부 사후 확률밀도 함수

$$q_2({}^{(t)}R_2 | {}^{(t+1)}R_1, \tilde{R}_2) = \pi({}^{(t)}R_2 | {}^{(t+1)}R_1, x_1, \cdots, x_n)$$

로 정의하면 어떻게 되지?

- $\alpha_2(\widetilde{R}_2|^{(t+1)}R_1, {}^{(t)}R_2) = 1$이므로 ${}^{(t)}\Theta_2 = {}^{(t)}R_2$의 추이처로서 ${}^{(t+1)}\Theta_2 = R_2$을 반드시 채택한다.
- 제안 확률밀도 함수는 ${}^{(t+1)}\Theta_2$의 조건부 사후 확률밀도 함수다.

❓ 문제

△△ 신문사는 2018년 5월에 서울의 사립대학에 재학하는 하숙생을 무작위로 추출해서 한 달에 식비가 얼마나 드는지를 물었습니다. 아래 표는 그 결과입니다.

		식비(천원)			식비(천원)
대학생	1	182	대학생	15	448
대학생	2	220	대학생	16	184
대학생	3	212	대학생	17	362
대학생	4	320	대학생	18	365
대학생	5	350	대학생	19	117
대학생	6	220	대학생	20	331
대학생	7	249	대학생	21	257
대학생	8	315	대학생	22	153
대학생	9	368	대학생	23	224
대학생	10	323	대학생	24	137
대학생	11	296	대학생	25	406
대학생	12	199	평균 $\bar{x}$		269.4
대학생	13	205	편차제곱합 S		186208.2
대학생	14	293	표준편차		86.3

'j번째 추출한 하숙생의 한 달 식비' X_j를

$$X_j \sim N(\mu, \sigma^2)$$

라고 합시다. μ와 σ^2의 추정값을 구하십시오.

> 표 안의 편차제곱합 S의 계산 방법은 163쪽에서 설명하겠습니다.

> 좀 전의 MH 알고리즘의 예와 마찬가지로 베이즈 통계학에서는 이 예에서 추정값을 구해야 하는 μ와 σ^2은 상수가 아니라 확률변수라고 해석합니다.
>
> 이 책에서 확률변수를 지금까지 X나 Θ와 같이 대문자로 표시했습니다. 게다가 예를 들어 47쪽에 기술한 것처럼
>
> $$P(a \leq X \leq b) = \int_a^b f(x)dx$$
>
> 과 같이 대문자와 소문자의 의미가 달랐습니다. 하지만 지금부터는 아래와 같은 표현을 사용하는 경우가 있습니다. 다른 책에도 나오는 표현이니까 익혀 두세요.
>
> - σ^2의 사후 확률밀도 함수는 $\pi(\sigma^2 | x_1, \cdots, x_n)$이다.
> - μ의 사후 분포는 구간 $[a, b]$의 균등분포이다. 즉, $\mu \sim U(a, b)$이다.

이 예에서 μ와 σ^2의 추정값은 아래에서 설명하는 Step 1부터 Step 9까지를 따라가면 구할 수 있습니다.

해답

Step 1

사전 확률밀도 함수와 가능도 함수와 사후 확률밀도 함수의 관계를 확인한다.

사전 확률밀도 함수는 다음과 같다.

$$\pi(\mu, \sigma^2) = \pi(\mu \mid \sigma^2) \times \pi(\sigma^2)$$

하지만 이 예에서는 다음과 같이 정의한다.

$$\pi(\mu, \sigma^2) = \pi(\mu) \times \pi(\sigma^2)$$

따라서 사전 확률밀도 함수와 가능도 함수와 사후 확률밀도 함수의 관계는 다음과 같다.

$$\pi(\mu, \sigma^2 \mid x_1, \cdots, x_n) \propto f(x_1, \cdots, x_n \mid \mu, \sigma^2) \times \pi(\mu, \sigma^2)$$
$$= f(x_1, \cdots, x_n \mid \mu, \sigma^2) \times \pi(\mu) \times \pi(\sigma^2)$$

편의상 표기하지 않았지만 $n=25$이고, x_1부터 x_{25}까지의 구체적인 값은 159쪽의 표와 같습니다.

Step 2

사전 확률밀도 함수를 정의한다.

사전 확률분포를 다음과 같이 정의한다.

- $\mu \sim U(0, C_1)$

- $\sigma^2 \sim U(0, C_2)$

즉, 사전 확률밀도 함수인 $\pi(\mu)$와 $\pi(\sigma^2)$를 다음과 같이 정의한다.

- $\pi(\mu) = \begin{cases} \dfrac{1}{C_1 - 0} & 0 \leq \mu \leq C_1 \text{인 경우는} \\ 0 & \text{그 외의 경우는} \end{cases}$

- $\pi(\sigma^2) = \begin{cases} \dfrac{1}{C_2 - 0} & 0 \leq \sigma^2 \leq C_2 \text{인 경우는} \\ 0 & \text{그 외의 경우는} \end{cases}$

C_1와 C_2는 구체적으로 얼마인지는 차치하고 굉장히 큰 값이라고 합시다.
참고로 이 책의 부록에 이와 다른 것을 사전 확률밀도 함수로서 정의한 경우에 대해 적어 놓았습니다.

Step 3

가능도 함수를 정리한다.

가능도 함수 $f(x_1, \cdots, x_n | \mu, \sigma^2)$은 다음과 같이 정리할 수 있다.

$$f(x_1, \cdots, x_n | \mu, \sigma^2)$$
$$= \frac{1}{\sqrt{2\pi}\sigma} \exp\left(-\frac{(x_1-\mu)^2}{2\sigma^2}\right) \times \cdots \times \frac{1}{\sqrt{2\pi}\sigma} \exp\left(-\frac{(x_n-\mu)^2}{2\sigma^2}\right) \quad \text{86쪽}$$
$$= \left(\frac{1}{\sqrt{2\pi}}\right)^n \times \left(\frac{1}{\sigma}\right)^n \exp\left(-\frac{(x_1-\mu)^2}{2\sigma^2} - \cdots - \frac{(x_n-\mu)^2}{2\sigma^2}\right)$$
$$\propto (\sigma^2)^{-\frac{n}{2}} \exp\left(-\frac{(x_1-\mu)^2 + \cdots + (x_n-\mu)^2}{2\sigma^2}\right)$$

$$(x_1-\mu)^2 + \cdots + (x_n-\mu)^2$$
$$= \{(x_1-\bar{x}) + (\bar{x}-\mu)\}^2 + \cdots + \{(x_n-\bar{x}) + (\bar{x}-\mu)\}^2$$
$$= (x_1-\bar{x})^2 + 2(x_1-\bar{x})(\bar{x}-\mu) + (\bar{x}-\mu)^2 + \cdots + (x_n-\bar{x})^2 + 2(x_n-\bar{x})(\bar{x}-\mu) + (\bar{x}-\mu)^2$$
$$= (x_1-\bar{x})^2 + \cdots + (x_n-\bar{x})^2$$
$$\quad + 2(\bar{x}-\mu)\{(x_1-\bar{x}) + \cdots + (x_n-\bar{x})\}$$
$$\quad + n(\bar{x}-\mu)^2$$

> 제2항을 주목하면
> $$(x_1-\bar{x}) + \cdots + (x_n-\bar{x}) = x_1 + \cdots + x_n - n\bar{x} = x_1 + \cdots + x_n - n \times \frac{x_1 + \cdots + x_n}{n} = 0$$
> 이므로

$$= S + n(\bar{x}-\mu)^2$$
$$= S + n(\mu-\bar{x})^2$$

$$= (\sigma^2)^{-\frac{n}{2}} \exp\left(-\frac{S + n(\mu-\bar{x})^2}{2\sigma^2}\right)$$

편차제곱합 S와 평균 $\bar{x}$의 구체적인 값은 159쪽에 쓰여 있는 값입니다. 설명의 편의상 기호로 표기하였습니다.

Step 4

사후 확률밀도 함수를 정리한다.

사후 확률밀도 함수 $\pi(\mu, \sigma^2 | x_1, \cdots, x_n)$은 Step 1부터 Step 3까지의 내용에서 다음과 같이 정리할 수 있다.

$$\pi(\mu, \sigma^2 | x_1, \cdots, x_n)$$
$$\propto f(x_1, \cdots, x_n | \mu, \sigma^2) \times \pi(\mu) \times \pi(\sigma^2)$$
$$\propto (\sigma^2)^{-\frac{n}{2}} \exp\left(-\frac{S + n(\mu - \bar{x})^2}{2\sigma^2}\right) \times \frac{1}{C_1 - 0} \times \frac{1}{C_2 - 0}$$
$$\propto (\sigma^2)^{-\frac{n}{2}} \exp\left(-\frac{S + n(\mu - \bar{x})^2}{2\sigma^2}\right)$$

Step 5

조건부 사후 확률밀도 함수를 정리한다.

조건부 사후 확률밀도 함수는 다음과 같이 2개 있다.

- $\pi(\mu | \sigma^2, x_1, \cdots, x_n)$
- $\pi(\sigma^2 | \mu, x_1, \cdots, x_n)$

전자를 정리할 때는 Step 4에서 σ^2를 상수로 간주하고, 후자를 정리할 때는 μ를 상수로 간주한다.

◆ $\pi(\mu | \sigma^2, x_1, \cdots, x_n)$의 정리

$$\pi(\mu | \sigma^2, x_1, \cdots, x_n) \propto \exp\left(-\frac{n(\mu - \bar{x})^2}{2\sigma^2}\right)$$
$$= \exp\left(-\frac{(\mu - \bar{x})^2}{2\left(\frac{\sigma}{\sqrt{n}}\right)^2}\right)$$

◆ $\pi(\sigma^2|\mu, x_1, \cdots, x_n)$의 정리

$$\pi(\sigma^2|\mu, x_1, \cdots, x_n) \propto (\sigma^2)^{-\left[\left(\frac{n}{2}-1\right)+1\right]} \exp\left(-\frac{S+n(\mu-\bar{x})^2}{\sigma^2}\right)$$

요약하자면 조건부 사후 확률분포는 다음과 같습니다.

- $\mu \mid \sigma^2, x_1, \cdots, x_n \sim N\left(\bar{x}, \left(\frac{\sigma}{\sqrt{n}}\right)^2\right)$

- $\sigma^2 \mid \mu, x_1, \cdots, x_n \sim IG\left(\frac{n}{2}-1, \frac{S+n(\mu-\bar{x})^2}{2}\right)$

Step 6

$^{(0)}\sigma^2$의 값을 정의한다.

특별한 이유가 있는 것은 아니지만 시험삼아 $^{(0)}\sigma^2 = 10^2$로 한다.

Step 7

$N\left(\bar{x}, \left(\dfrac{^{(0)}\sigma}{\sqrt{n}}\right)^2\right)$의 난수인 $^{(1)}\mu$를 생성하고 계속해서 $IG\left(\dfrac{n}{2}-1, \dfrac{S+n(^{(1)}\mu-\bar{x})^2}{2}\right)$의 난수인 $^{(1)}\sigma^2$을 생성한다.

$N\left(269.4, \left(\dfrac{10}{\sqrt{25}}\right)^2\right)$의 난수인 $^{(1)}\mu$를 생성했더니 $^{(1)}\mu = 273.2$였다.

$IG\left(\dfrac{25}{2}-1, \dfrac{186208.2+25(273.2-269.4)^2}{2}\right)$의 난수인 $^{(1)}\sigma^2$을 생성했더니 $^{(1)}\sigma^2 = 100.7^2$이었다.

S나 n, $^{(0)}\sigma^2$ 등의 구체적인 값을 나타냈습니다.

Step 8

$N\left(\bar{x}, \left(\dfrac{^{(2)}\sigma}{\sqrt{n}}\right)^2\right)$의 난수인 $^{(2)}\mu$를 생성하고 계속해서 $IG\left(\dfrac{n}{2}-1, \dfrac{S+n(^{(2)}\mu-\bar{x})^2}{2}\right)$의 난수인 $^{(2)}\sigma^2$을 생성한다.

$N\left(269.4, \left(\dfrac{100.7}{\sqrt{25}}\right)^2\right)$의 난수인 $^{(2)}\mu$를 생성했더니 $^{(2)}\mu = 299.1$였다.

$IG\left(\dfrac{25}{2}-1, \dfrac{186208.2+25(299.1-269.4)^2}{2}\right)$의 난수인 $^{(2)}\sigma^2$을 생성했더니 $^{(2)}\sigma^2 = 110.4^2$이었다.

Step 9

Step 7과 Step 8과 똑같은 과정을 계속 반복한다. 값이 안정되었다고 생각되는 $^{(T)}\mu$와 $^{(T)}\sigma^2$ 이후의 난수를 사용하여 μ와 σ^2의 추정값을 구한다.

아래 그래프는 11,000번을 반복 시험한 결과를 나타낸 것이다.

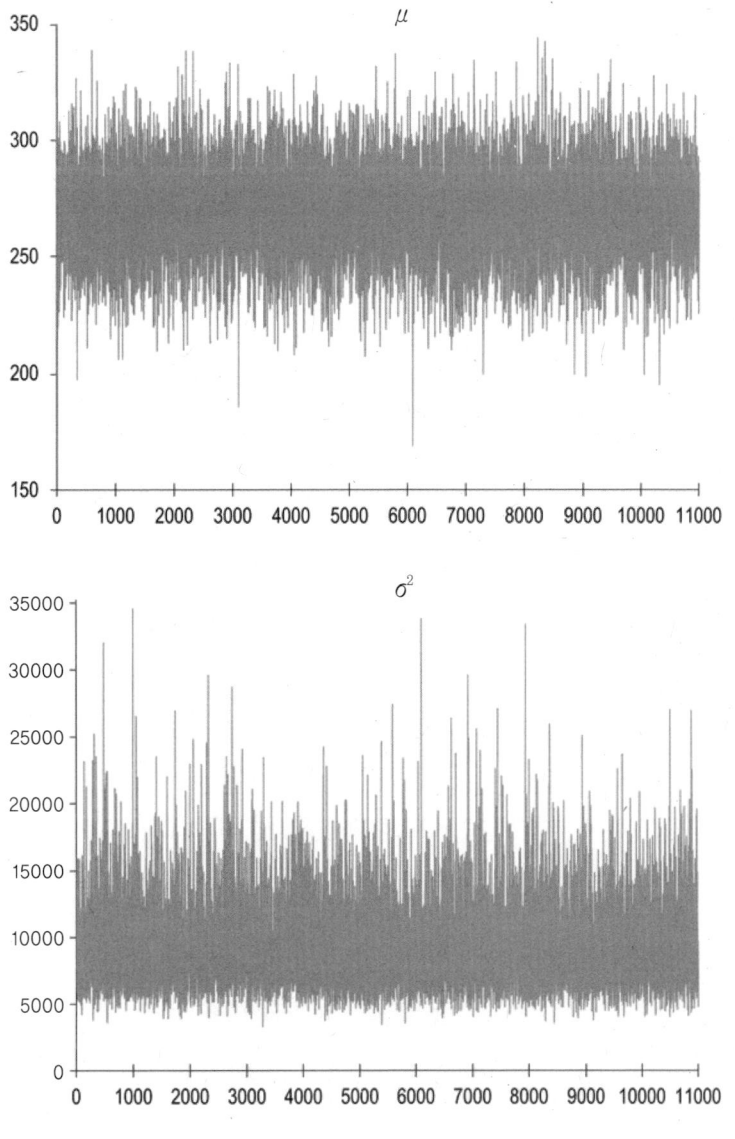

1,001번째부터 11,000번째까지의 난수로 μ와 σ^2의 추정값을 구하기로 했다. 결과는 아래 표와 같다.

		μ
	$^{(1001)}\mu$	294.4
	$^{(1002)}\mu$	257.1
	⋮	⋮
	$^{(11000)}\mu$	265.9
95% 신뢰 구간		[230.7, 306.9]
사후 중앙값		269.6
사후 기댓값 $E(\mu\mid x_1, \cdots, x_{25})$		$\bar{\mu} = \dfrac{^{(1001)}\mu + \cdots + ^{(11000)}\mu}{10000} = 269.5$
사후 분산 $V(\mu\mid x_1, \cdots, x_{25})$		$\dfrac{(^{(1001)}\mu - \bar{\mu})^2 + \cdots + (^{(11000)}\mu - \bar{\mu})^2}{10000} = 367.6$

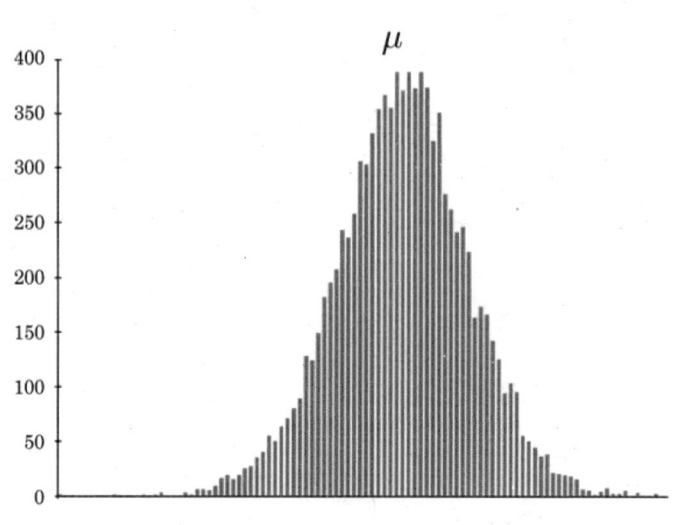

추정값을 구해야 할 파라미터가 θ라고 합시다.

베이즈 통계학을 이용한 θ의 추정값에는 몇 가지 종류가 있습니다. 예를 들어 아래 표에 나타낸 3가지가 그렇습니다. 참고로 이 3개는 θ의 사후 확률밀도 함수의 그래프가 좌우 대칭인 산 모양에 가까우면 대체적으로 일치합니다.

사후 기댓값(EAP 추정값) ※EAP ← Expected A Posteriori	$E(\theta \mid x_1, \cdots, x_n)$를 말한다.
사후 확률 최댓값(MAP 추정값) ※MAP ← Maximum A Posteriori	불변분포인 θ의 사후 확률밀도 함수의 그래프를 그릴 때 최댓값에 대응하는 가로축의 값을 말한다.
사후 중앙값	$^{(T+1)}R$에서 $^{(T+\tau)}R$까지의 난수를 값이 작은 순서로 정렬할 때 가장 중앙에 위치하는 값을 말한다.

θ의 추정값 중 다른 것으로는 **95% 신뢰 구간**이 있습니다. 'θ의 진짜 값이 a 이상 b 이하인 주관주의 확률은 0.95다'라는 뜻입니다. 지금의 예에서는 다음과 같이 계산했습니다.

$^{(1001)}\mu$부터 $^{(11000)}\mu$까지의 값 10000개를 값이 작은 순서로 정렬했을 때 251번째의 값인 a와 9750번째의 값인 b 사이의 구간 $[a, b]$를 말한다.

(Step 9의 계속)

	σ^2
$^{(1001)}\sigma^2$	7171.2
$^{(1002)}\sigma^2$	9632.6
⋮	⋮
$^{(11000)}\sigma^2$	4825.7
95% 신뢰 구간	[5033.3, 16910.8]
사후 중앙값	8729.6
사후 기댓값 $E(\sigma^2\mid x_1,\cdots,x_{25})$	$\overline{\sigma^2}=\dfrac{^{(1001)}\sigma^2+\cdots+^{(11000)}\sigma^2}{10000}=9310.8$
사후 분산 $V(\sigma^2\mid x_1,\cdots,x_{25})$	$\dfrac{(^{(1001)}\sigma^2-\overline{\sigma^2})^2+\cdots+(^{(11000)}\sigma^2-\overline{\sigma^2})^2}{10000}=9497649.9$

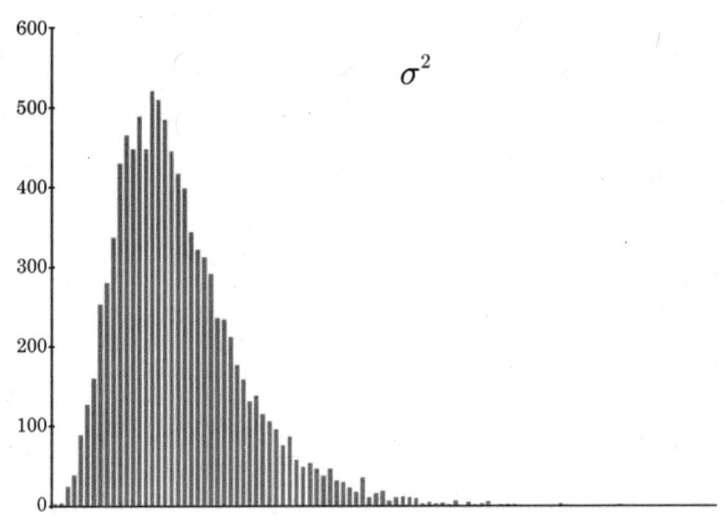

4. 자연스러운 공액사전분포

X_j에 대해 $X_j \sim N(270, \sigma^2)$
라고 합시다. 또한 σ^2의 사전 확률밀도 함수와 가능도 함수는 다음과 같다고 합시다.

σ^2의 사전 확률밀도 함수	$\pi(\sigma^2) = \dfrac{\beta^\alpha}{\Gamma(\alpha)} (\sigma^2)^{-(\alpha+1)} \exp\left(-\dfrac{\beta}{\sigma^2}\right) \propto (\sigma^2)^{-(\alpha+1)} \exp\left(-\dfrac{\beta}{\sigma^2}\right)$ ※ 즉, $\sigma^2 \sim IG(\alpha, \beta)$입니다.
가능도 함수	$f(x_1, \cdots, x_n \mid \sigma^2) \propto (\sigma^2)^{-\frac{n}{2}} \exp\left(-\dfrac{S + n(270 - \bar{x})^2}{2\sigma^2}\right)$ ※ 163쪽을 참조하기 바랍니다.

σ^2의 사후 확률밀도 함수인 $\pi(\sigma^2 \mid x_1, \cdots, x_n)$를 정리하면 다음과 같습니다.

$$\pi(\sigma^2 \mid x_1, \cdots, x_n) \propto f(x_1, \cdots, x_n \mid \sigma^2) \times \pi(\sigma^2)$$
$$\propto (\sigma^2)^{-\frac{n}{2}} \exp\left(-\frac{S + n(270 - \bar{x})^2}{2\sigma^2}\right) \times (\sigma^2)^{-(\alpha+1)} \exp\left(-\frac{\beta}{\sigma^2}\right)$$
$$= (\sigma^2)^{-\left\{\left(\alpha + \frac{n}{2}\right) + 1\right\}} \exp\left(-\frac{\beta + \frac{S + n(270 - \bar{x})^2}{2}}{\sigma^2}\right)$$

즉, σ^2의 사후 분포는 $IG\left(\alpha + \dfrac{n}{2}, \beta + \dfrac{S + n(270 - \bar{x})^2}{2}\right)$이라는 역감마분포입니다. 이와 같이

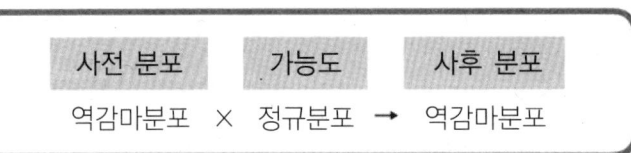

사전 분포 　 가능도 　 사후 분포
역감마분포 × 정규분포 → 역감마분포

와 같은 관계를 수학적인 말로 '정규분포의 **자연스러운 공액사전분포**(※ 또는 **공액사전분포**)는 역감마분포이다'라고 표현합니다.

자연스러운 공액사전분포의 이해를 확실히 하기 위해 예를 하나 더 들어 보겠습니다. X_i는 포아송 분포를 따르고 λ의 사전 확률밀도 함수와 가능도 함수가 다음과 같다고 합시다.

λ의 사전 확률밀도 함수	$\pi(\lambda) = \dfrac{\beta^\alpha}{\Gamma(\alpha)} \lambda^{\alpha-1} \exp(-\beta\lambda)$ $\propto \lambda^{\alpha-1} \exp(-\beta\lambda)$ ※즉, λ의 사전 분포는 감마분포입니다.
가능도 함수	$f(x_1, \cdots, x_n \mid \lambda) = \dfrac{\lambda^{x_1 + \cdots + x_n}}{x_1! \times \cdots \times x_n!} \exp(-\lambda n)$ $\propto \lambda^{x_1 + \cdots + x_n} \exp(-\lambda n)$ ※95쪽을 참조하기 바랍니다.

λ의 사후 확률밀도 함수인 $\pi(\lambda \mid x_1, \cdots, x_n)$를 정리하면 다음과 같습니다.

$$\pi(\lambda \mid x_1, \cdots, x_n) \propto f(x_1, \cdots, x_n \mid \lambda) \times \pi(\lambda)$$
$$\propto \lambda^{x_1 + \cdots + x_n} \exp(-\lambda n) \times \lambda^{\alpha-1} \exp(-\beta\lambda)$$
$$= \lambda^{\{\alpha + (x_1 + \cdots + x_n)\} - 1} \exp\{-(\beta + n)\lambda\}$$

즉, λ의 사후 분포는 감마분포이며, 포아송 분포의 자연스러운 공액사전분포는 감마분포입니다.

제6장

마르코프 연쇄 몬테카를로 방법의 활용 예

1. 두 모집단의 평균에 대한 추측
2. 계층 베이즈 모델

1. 두 모집단의 평균에 대한 추측

제6장 마르코프 연쇄 몬테카를로 방법의 활용 예

1.1 통계적 가설 검정

통계적 가설 검정이란 모집단에 대해 분석자가 세운
- '서울의 사립대학에 재학 중인 하숙생'과 '부산의 사립대학에 재학 중인 하숙생'의 한 달 식비 평균에는 차이가 있지 않을까?
- '항암제 M_1을 투여한 폐암 말기 환자'와 '항암제 M_2를 투여한 폐암 말기 환자'의 생존율에는 차이가 있지 않을까?

와 같은 가설이 올바른지 아닌지를 표본 데이터로부터 추측하는 분석 방법의 총칭입니다. 다음과 같은 종류가 있습니다.

- 모평균의 차이 검정
- 무상관 검정
- 독립성 검정
- 일원 배치 분산 분석

1.2 통계적 가설 검정의 절차

모평균의 차이 검정이든 무엇이든 통계적 가설 검정의 절차는 동일합니다. 이를 아래 표로 정리했습니다(주).

Step 1	모집단을 정의한다.
Step 2	귀무가설과 대립가설을 세운다.
Step 3	어떤 통계적 가설 검정을 수행할지를 선택한다.
Step 4	유의수준을 결정한다.
Step 5	표본 데이터로부터 검정 통계량의 값을 구한다.
Step 6	Step 5에서 구한 검정 통계량의 값에 대응하는 P값이 유의수준보다 작은지 아닌지를 조사한다.
Step 7	유의수준보다 P값이 작으면 '대립가설은 올바르다', 즉 '의미있다'로 결론짓는다. 그렇지 않으면 '귀무가설이 잘못되었다고 할 수 없다', 즉 '의미없다'로 결론짓는다.

참고로, 위의 절차를 단순화하면 다음에 나타내는 ①과 ②의 2단계로 표현할 수 있습니다.

(주) 이 책에서는 표 안의 유의수준이나 검정 통계량, P값 등의 개념 설명은 하지 않습니다.
　　필요한 분은 Takahashi Shin〈만화로 쉽게 배우는 통계학〉(음사)을 참고하세요.

① 표본 데이터를 공식에 대입하여 하나의 값으로 변환한다. 또한 공식은 통계적 가설 검정의 종류에 따라 다르다.

	변수 1	변수 2	⋯
A씨	17	90	⋯
B씨	15	48	⋯
⋮	⋮	⋮	⋮

대입 ↓

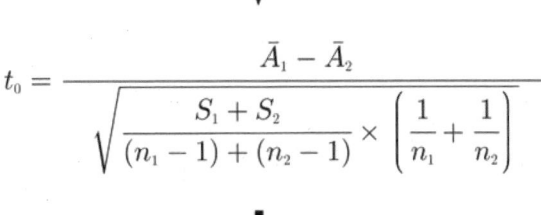

변환 ↓

② ①에서 구한 값에 대응하는 P값이 유의수준보다 작으면 '대립가설은 올바르다', 즉 '의미있다'고 결론짓는다. 그렇지 않으면 '귀무가설이 잘못되었다고 할 수 없다', 즉 '의미없다'고 결론짓는다.

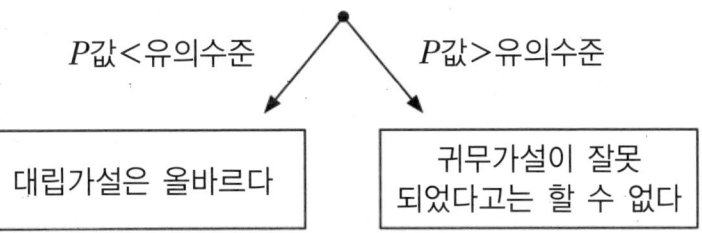

1.3 통계적 가설 검정의 종류와 귀무가설과 대립가설

통계적 가설 검정에서는 종류별로 귀무가설과 대립가설에는 이러이러한 것을 할당해야 한다는 것이 미리 정해져 있습니다. 다음 표는 그중 두 예를 정리한 것입니다.

	모평균의 차이 검정	일원 배치 분산 분석
귀무가설	$\mu_1 = \mu_2$	$\mu_1 = \mu_2 = \cdots = \mu_a$
대립가설	$\mu_1 = \mu_2$ 가 아니다	$\mu_1 = \mu_2 = \cdots = \mu_a$ 가 아니다

여러분이 통계적 가설 검정을 할 때는 수많은 종류 중에서 자신이 세운 가설과 맞는 귀무가설이나 대립가설을 갖고 있는 것을 직접 선정할 필요가 있습니다. 좀 힘들 수 있지만 분석자가 누구든, 분석자가 세운 가설은 대부분 일반적인 통념이 정해져 있으며 그렇기 때문에 일반적으로 실시하는 통계적 가설 검정의 종류도 대부분 일반적인 통념이 정해져 있습니다. 실제로 선정할 때는 크게 고민할 것이 없습니다.

단, 주의해야 할 점이 2가지 있습니다.

첫 번째는 모평균의 차이 검정에 있어서 대립가설은 엄밀히 말하면 '$\mu_1 = \mu_2$ 가 아니다'가 아니라 다음과 같은 3종류 중 하나가 됩니다.

- $\mu_1 \neq \mu_2$
- $\mu_1 > \mu_2$
- $\mu_1 < \mu_2$

분석자가 원칙적으로 데이터를 모으기 "전"에 자신의 의사로 선택합니다.

두 번째는 일원 배치 분산 분석에 있어서 대립가설은 모평균의 차이 검정과는 달리 위의 표 중 한 종류뿐입니다. 그대신 다의적이라는 점에 주의하기 바랍니다.

- $\mu_1 \neq \mu_2 \neq \cdots \neq \mu_a$
- $\mu_1 = \mu_2 \neq \cdots \neq \mu_a$
- $\mu_1 \neq \mu_2 = \cdots = \mu_a$

위와 같이 여러 개의 가설이 내포된다는 점에 주의하기 바랍니다.

1.4 구체적 예

문제

△△ 신문사는 예전부터 서울과 부산 모두 대도시이기는 하지만 후자가 물가가 쌀 것이다. 따라서 부산의 사립대학에 재학 중인 하숙생의 한 달 식비가 적을 것이다. 이러한 가설을 세우고 있었습니다.

△△ 신문사는 2018년 5월에 가설을 검증하기 위해 서울과 부산의 사립대학에 재학 중인 하숙생을 25명씩 무작위로 추출하여 한 달 식비를 조사했습니다. 아래 표는 그 결과를 나타낸 것입니다.

	거주지	식비(천 원)		거주지	식비(천 원)
대학생 1	서울	182	대학생 26	부산	163
대학생 2	서울	220	대학생 27	부산	155
대학생 3	서울	212	대학생 28	부산	148
대학생 4	서울	320	대학생 29	부산	297
대학생 5	서울	350	대학생 30	부산	177
대학생 6	서울	220	대학생 31	부산	99
대학생 7	서울	249	대학생 32	부산	282
대학생 8	서울	315	대학생 33	부산	185
대학생 9	서울	368	대학생 34	부산	313
대학생 10	서울	323	대학생 35	부산	200
대학생 11	서울	296	대학생 36	부산	363
대학생 12	서울	199	대학생 37	부산	226
대학생 13	서울	205	대학생 38	부산	273
대학생 14	서울	293	대학생 39	부산	175
대학생 15	서울	448	대학생 40	부산	300
대학생 16	서울	184	대학생 41	부산	297
대학생 17	서울	362	대학생 42	부산	151
대학생 18	서울	365	대학생 43	부산	209
대학생 19	서울	117	대학생 44	부산	241
대학생 20	서울	331	대학생 45	부산	238
대학생 21	서울	257	대학생 46	부산	271
대학생 22	서울	153	대학생 47	부산	291
대학생 23	서울	224	대학생 48	부산	351
대학생 24	서울	137	대학생 49	부산	223
대학생 25	서울	406	대학생 50	부산	145
평균 $\bar{x}_{서울}$		269.4	평균 $\bar{x}_{부산}$		230.9
편차제곱합 $S_{서울}$		186208.2	편차제곱합 $S_{부산}$		119945.8
표준편차		86.3	표준편차		69.3

'j번째에 추출한 하숙생의 한 달 식비'인 $X_{서울j}$와 $X_{부산j}$에 대해 다음과 같다고 합시다.

- $X_{서울j} \sim N(\mu_{서울}, \sigma^2_{서울})$
- $X_{부산j} \sim N(\mu_{부산}, \sigma^2_{부산})$

(1) $\mu_{서울} > \mu_{부산}$인지 아닌지를 일반 통계학의 모평균의 차이 검정으로 추측하십시오. 유의수준은 0.05로 합니다.

(2) $\mu_{서울} > \mu_{부산}$인지 아닌지를 베이즈 통계학을 기초로 추측하십시오.

해답

(1) 아래 표와 같이 검정한다.

Step 1	모집단을 정의한다.	• 서울의 사립대학에 재학 중인 하숙생 전원 • 부산의 사립대학에 재학 중인 하숙생 전원을 모집단으로 한다.
Step 2	귀무가설과 대립가설을 세운다.	귀무가설은 '$\mu_{서울} = \mu_{부산}$'이다. 대립가설은 '$\mu_{서울} > \mu_{부산}$'이다.
Step 3	어떤 통계적 가설 검정을 수행할지를 선택한다.	모평균의 차이 검정을 수행한다.
Step 4	유의수준을 결정한다.	유의수준을 0.05로 한다.
Step 5	표본 데이터로부터 검정 통계량의 값을 구한다.	수행하려는 것은 모평균의 차이 검정이다. 이 예에서 검정 통계량의 값은 $\sigma^2_{서울} = \sigma^2_{부산}$을 가정했다면 다음과 같다. $$\frac{269.4 - 230.9}{\sqrt{\frac{186208.2 + 119945.8}{(25-1)+(25-1)} \times \left(\frac{1}{25} + \frac{1}{25}\right)}} = 1.7053$$ 또한 이 예에서 검정 통계량은 귀무가설의 상황이 참이라면 자유도 48인 t분포를 따른다.
Step 6	Step 5에서 구한 검정 통계량의 값에 대응하는 P값이 유의수준보다 작은지 아닌지를 조사한다.	유의수준은 0.05다. 검정 통계량의 값이 1.7053이므로 P값은 0.0473이다. 0.0473<0.05이므로 P값이 작다.
Step 7	유의수준보다 P값이 작으면 '대립가설은 올바르다', 즉 '의미있다'고 결론짓는다. 그렇지 않으면 '귀무가설이 잘못되었다고 할 수 없다', 즉 '의미없다'고 결론짓는다.	유의수준보다 P값이 작았다. 따라서 '$\mu_{서울} > \mu_{부산}$'이라는 대립가설은 올바르다. 즉 의미가 있다.

(2) 아래 표는 159~170쪽에서 설명한 계산 방법에 의한 결과를 나타낸 것이다. 서울에 대한 결과는 167~170쪽의 결과를 옮겨 적은 것이다.

	$\mu_{서울}$	$\mu_{부산}$	$\mu_{서울} - \mu_{부산}$	$\sigma^2_{서울}$	$\sigma^2_{부산}$
1001	294.4	225.5	68.9	7171.2	4903.8
⋮	⋮	⋮	⋮	⋮	⋮
11000	265.9	237.7	28.2	4825.7	4833.5
95% 신뢰 구간	[230.7, 306.9]	[200.1, 261.3]	[-10.0, 86.6]	[5033.3, 16910.8]	[3292.0, 10889.3]
사후 중앙값	269.6	230.9	38.6	8729.6	5628.3
사후 기댓값 E	269.5	230.8	38.6	9310.8	5992.1
사후 분산 V	367.6	238.2	603.6	9497649.9	3944943.8

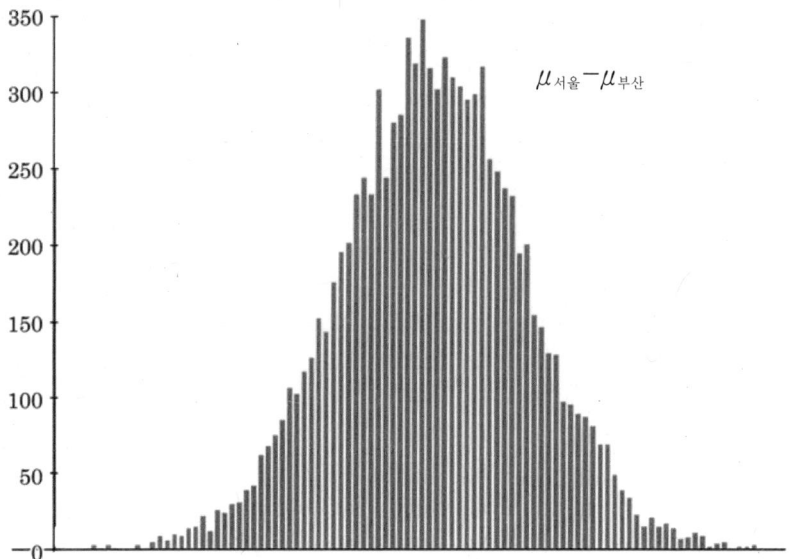

$\mu_{서울} > \mu_{부산}$ 인 확률을 의미하는, 위의 표에서 $\dfrac{\mu_{서울} - \mu_{부산} > 0 \text{의 개수}}{10000}$ 를 구한 결과는 다음과 같았다.

$$\dfrac{9421}{10000} = 0.9421$$

즉, $\mu_{서울} > \mu_{부산}$ 일 확률은 0.9421이다.

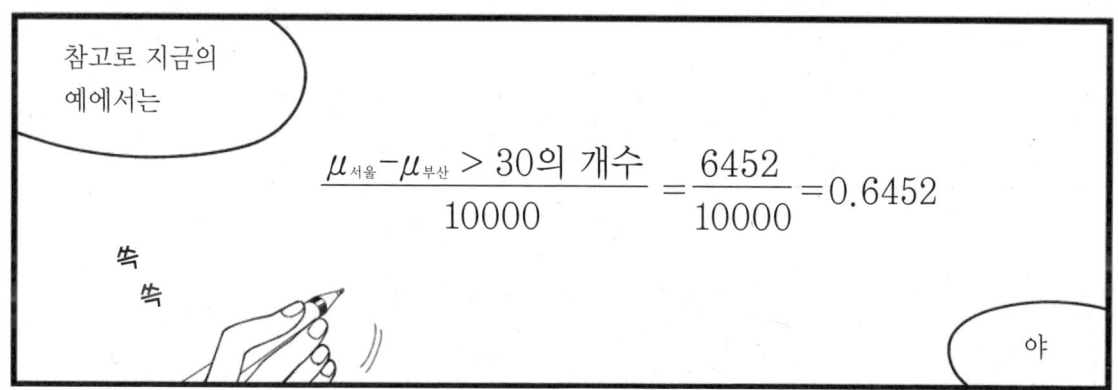

2. 계층 베이즈 모델

오늘 수업 앞부분에서 다룬 깁스 표집의 예 기억나?

서울의 사립대학에 재학 중인 하숙생을 대상으로 'j번째 추출한 하숙생의 한 달 식비' X_j를
$$X_j \sim N(\mu, \sigma^2)$$
라고 놓고 μ와 σ^2의 추정값을 구하는 것이었죠?

서울의 사립대학에 재학 중인 하숙생

평균 μ
분산 σ^2

추출
25명
평균 $\bar{x}$

서울에 사립대학이 50개가 넘어.

그렇게나 많이?

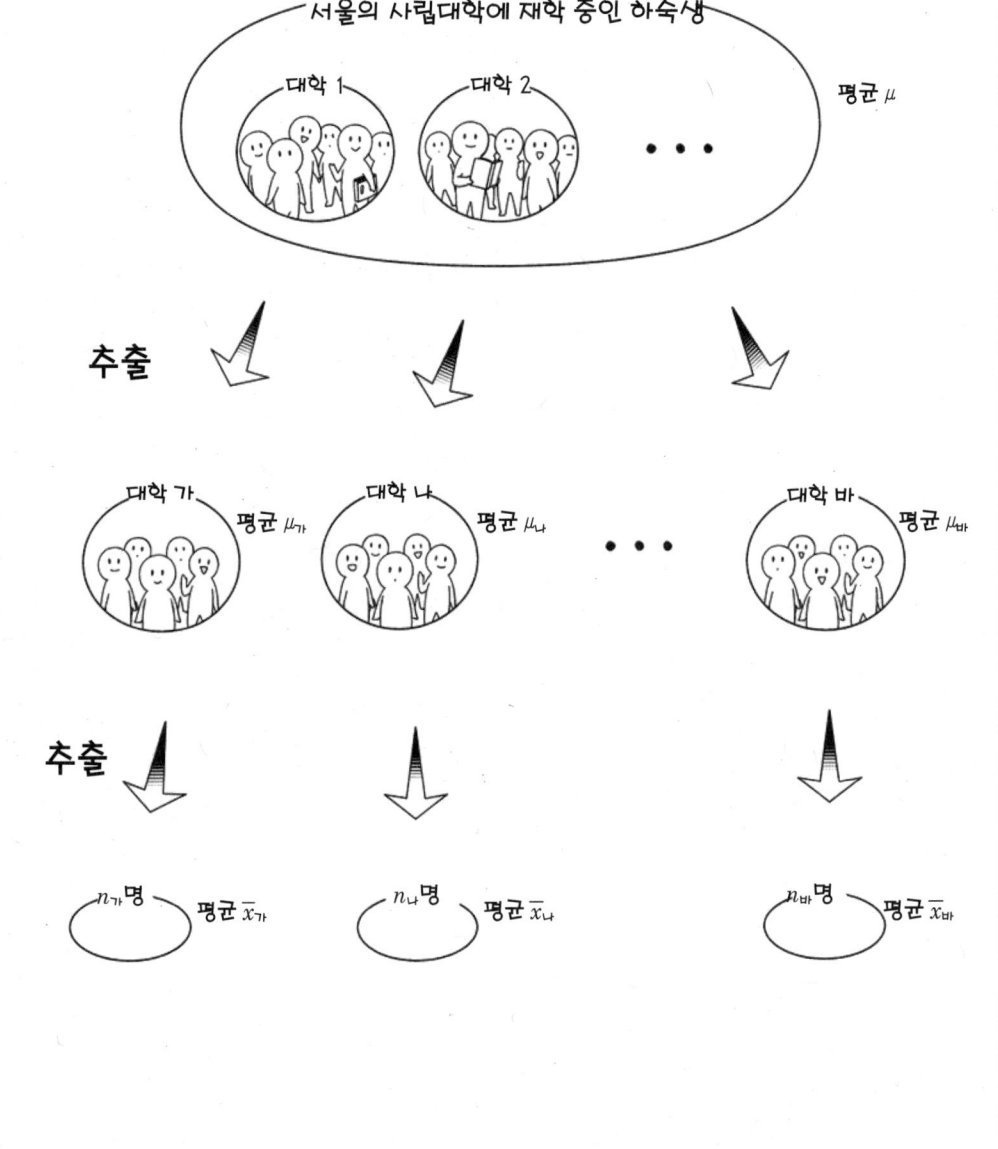

> 그리고 다음과 같이 가정해.

- $\begin{cases} X_{가j} \sim N(\mu_{가}, \nu^2) \\ X_{나j} \sim N(\mu_{나}, \nu^2) \\ \cdots\cdots\cdots\cdots \\ X_{바j} \sim N(\mu_{바}, \nu^2) \end{cases}$

- $\begin{cases} \mu_{가} \sim N(\mu, \omega^2) \\ \mu_{나} \sim N(\mu, \omega^2) \\ \cdots\cdots\cdots\cdots \\ \mu_{바} \sim N(\mu, \omega^2) \end{cases}$

- μ와 ω^2은 정수가 아닌 확률변수이며, 어떠한 식으로든 확률분포에 따른다.

> 이와 같이 파라미터에 계층 구조를 설정하는 것을 **계층 베이즈 모델**이라고 해.

❓문제

서울에는 50개가 넘는 사립대학이 있습니다. △△ 신문사는 2018년 5월에 서울의 사립대학에서 6개 대학을 무작위로 추출하여 각 학교에 재학 중인 하숙생을 무작위로 추출한 후에 한 달 식비를 조사했습니다. 아래 표는 그 결과를 정리한 것입니다. μ에 대한 추정값을 구하십시오.

	대학 가	대학 나	대학 다	대학 라	대학 마	대학 바
n	30	25	30	25	28	25
평균 $\bar{x}_i$	307.1	289.8	242.0	286.8	246.3	260.6
편차제곱합 S_i	177055.9	129510.0	162816.0	141270.0	138065.3	120409.8

제6장 마르코프 연쇄 몬테카를로 방법의 활용 예

이 예에서 추정값은 다음 Step 1부터 Step 8까지의 절차로 구할 수 있습니다.

Step 1

사전 확률밀도 함수와 가능도 함수와 사후 확률밀도 함수의 관계를 확인한다.

사전 확률밀도 함수를

$$\pi(\nu^2, \mu_가, \cdots, \mu_바, \mu, \omega^2) = \pi(\nu^2) \times \pi(\mu_가 \mid \mu, \omega^2) \times \cdots \times \pi(\mu_바 \mid \mu, \omega^2) \times \pi(\mu) \times \pi(\omega^2)$$

으로 정의한다. 따라서 사전 확률밀도 함수와 가능도 함수와 사후 확률밀도 함수의 관계는 다음과 같다.

$$\pi(\nu^2, \mu_가, \cdots, \mu_바, \mu, \omega^2 \mid x_{가1}, \cdots, x_{바25})$$
$$\propto f(x_{가1}, \cdots, x_{바25} \mid \nu^2, \mu_가, \cdots, \mu_바) \times \pi(\nu^2, \mu_가, \cdots, \mu_바, \mu, \omega^2)$$
$$= f(x_{가1}, \cdots, x_{바25} \mid \nu^2, \mu_가, \cdots, \mu_바) \times \pi(\nu^2) \times \pi(\mu_가 \mid \mu, \omega^2) \times \cdots \times \pi(\mu_바 \mid \mu, \omega^2) \times \pi(\mu) \times \pi(\omega^2)$$

Step 2

사전 확률밀도 함수를 정의한다.

사전 분포를 다음과 같이 정의한다.

- $\nu^2 \sim IG(\alpha, \beta)$
- $\mu_i \sim N(\mu, \omega^2)$
- $\mu \sim U(0, C_1)$
- $\omega^2 \sim U(0, C_2)$

지면 관계상 사전 확률밀도 함수의 기술은 생략합니다.
ν_2의 사전 분포에는 172쪽에서 설명한 자연스러운 공액사전분포의 개념을 이용하여 역감마분포를 가정해 봤습니다. 편의상 이후에도 기호로 표기하지만 $\alpha=\beta=0.001$로 합니다.
C_1과 C_2는 구체적으로 얼마인지는 차치하고 아주 큰 값이라고 합시다.

Step 3

가능도 함수를 정리한다.

163쪽을 참고로 가능도 함수는 다음과 같이 정리할 수 있다.

$$f(x_{가1}, \cdots, x_{바25} \mid \nu^2, \mu_가, \cdots, \mu_바)$$

$$= \frac{1}{\sqrt{2\pi}\nu} \exp\left(-\frac{(x_{가1} - \mu_가)^2}{2\nu^2}\right) \times \cdots \times \frac{1}{\sqrt{2\pi}\nu} \exp\left(-\frac{(x_{가30} - \mu_가)^2}{2\nu^2}\right)$$

$$\times \cdots \times \frac{1}{\sqrt{2\pi}\nu} \exp\left(-\frac{(x_{바1} - \mu_바)^2}{2\nu^2}\right) \times \cdots \times \frac{1}{\sqrt{2\pi}\nu} \exp\left(-\frac{(x_{바25} - \mu_바)^2}{2\nu^2}\right)$$

$$\propto (\nu^2)^{-\frac{30+25+30+25+28+25}{2}} \exp\left(-\frac{S_가 + 30(\mu_가 - \bar{x}_가)^2}{2\nu^2} - \cdots - \frac{S_바 + 25(\mu_바 - \bar{x}_바)^2}{2\nu^2}\right)$$

Step 4

사후 확률밀도 함수를 정리한다.

사후 확률밀도 함수는 Step 1부터 Step 3까지의 내용에서 다음과 같이 정리할 수 있다.

$$\pi(\nu^2, \mu_{가}, \cdots, \mu_{바}, \mu, \omega^2 \mid x_{가1}, \cdots, x_{바25})$$
$$\propto f(x_{가1}, \cdots, x_{바25} \mid \nu^2, \mu_{가}, \cdots, \mu_{바}) \times \pi(\nu^2) \times \pi(\mu_{가} \mid \mu, \omega^2) \times \cdots \times \pi(\mu_{바} \mid \mu, \omega^2) \times \pi(\mu) \times \pi(\omega^2)$$

$$\propto (\nu^2)^{-\frac{30+25+30+25+28+25}{2}} \exp\left(-\frac{S_{가} + 30(\mu_{가} - \bar{x}_{가})^2}{2\nu^2} - \cdots - \frac{S_{바} + 25(\mu_{바} - \bar{x}_{바})^2}{2\nu^2}\right)$$

$$\times \frac{\beta^\alpha}{\Gamma(\alpha)}(\nu^2)^{-(\alpha+1)} \exp\left(-\frac{\beta}{\nu^2}\right) \times \frac{1}{\sqrt{2\pi}\omega} \exp\left(-\frac{(\mu_{가} - \mu)^2}{2\omega^2}\right) \times \cdots \times \frac{1}{\sqrt{2\pi}\omega} \exp\left(-\frac{(\mu_{바} - \mu)^2}{2\omega^2}\right)$$

$$\times \frac{1}{C_1 - 0} \times \frac{1}{C_2 - 0}$$

$$\propto (\nu^2)^{-\{(\alpha + \frac{30+25+30+25+28+25}{2}) + 1\}} \exp\left(-\frac{S_{가} + 30(\mu_{가} - \bar{x}_{가})^2}{2\nu^2} - \cdots - \frac{S_{바} + 25(\mu_{바} - \bar{x}_{바})^2}{2\nu^2} - \frac{\beta}{\nu^2}\right)$$

$$\times (\omega^2)^{-\{(\frac{6}{2}-1)+1\}} \exp\left(-\frac{(\mu_{가} - \mu)^2}{2\omega^2} - \cdots - \frac{(\mu_{바} - \mu)^2}{2\omega^2}\right)$$

Step 5

조건부 사후 확률밀도 함수를 정리한다.

조건부 사후 확률밀도 함수는 9개 있다. 이에 대응하는 조건부 사후 분포는 계산이 복잡하므로 결론부터 말하면 다음과 같다. $\mu_{나}$나 $\mu_{다}$의 조건부 사후 분포는 $\mu_{가}$의 사후 분포와 똑같으므로 생략한다.

- $\nu^2 \mid \mu_\text{가}, \cdots, \mu_\text{바}, \mu, \omega^2, x_\text{가1}, \cdots, x_\text{바25}$

  $\sim IG\left(\alpha + \dfrac{30+25+30+25+28+25}{2}, \beta + \dfrac{S_\text{가}+30(\mu_\text{가}-\bar{x}_\text{가})^2}{2} + \cdots + \dfrac{S_\text{바}+25(\mu_\text{바}-\bar{x}_\text{바})^2}{2}\right)$

- $\mu_\text{가} \mid \nu^2, \mu_\text{나}, \mu_\text{다}, \mu_\text{라}, \mu_\text{마}, \mu_\text{바}, \mu, \omega^2, x_\text{가1}, \cdots, x_\text{바25} \sim N\left(\dfrac{\dfrac{30\bar{x}_\text{가}}{\nu^2}+\dfrac{\mu}{\omega^2}}{\dfrac{30}{\nu^2}+\dfrac{1}{\omega^2}}, \left(\dfrac{1}{\sqrt{\dfrac{30}{\nu^2}+\dfrac{1}{\omega^2}}}\right)^2\right)$

- $\mu \mid \nu^2, \mu_\text{가}, \cdots, \mu_\text{바}, \omega^2, x_\text{가1}, \cdots, x_\text{바25} \sim N\left(\dfrac{\mu_\text{가}+\mu_\text{나}+\mu_\text{다}+\mu_\text{라}+\mu_\text{마}+\mu_\text{바}}{6}, \left(\dfrac{\omega}{\sqrt{6}}\right)^2\right)$

- $\omega^2 \mid \nu^2, \mu_\text{가}, \cdots, \mu_\text{바}, \mu, x_\text{가1}, \cdots, x_\text{바25} \sim IG\left(\dfrac{6}{2}-1, \dfrac{(\mu_\text{가}-\mu)^2}{2}+\cdots+\dfrac{(\mu_\text{바}-\mu)^2}{2}\right)$

■ $\pi(\nu^2 \mid \mu_\text{가}, \cdots, \mu_\text{바}, \mu, \omega^2, x_\text{가1}, \cdots, x_\text{바25})$의 정리

$\pi(\nu^2 \mid \mu_\text{가}, \cdots, \mu_\text{가}, \mu, \omega^2, x_\text{가}, \cdots, x_\text{바25})$

$\propto (\nu^2)^{-\left\{\left[\alpha+\frac{30+25+30+25+28+25}{2}\right]+1\right\}} \exp\left(-\dfrac{\beta+\dfrac{S_\text{가}+30(\mu_\text{가}-\bar{x}_\text{가})^2}{2}+\cdots+\dfrac{S\ +25(\mu_\text{바}-\bar{x}_\text{바})^2}{2}}{\nu^2}\right)$

■ $\pi(\omega^2 \mid \nu^2, \mu_\text{가}, \cdots, \mu_\text{바}, \mu, x_\text{가1}, \cdots, x_\text{바25})$의 정리

$\pi(\omega^2 \mid \nu^2, \mu_\text{가}, \cdots, \mu_\text{바}, \mu, x_\text{가1}, \cdots, x_\text{바25}) \propto (\omega^2)^{-\left\{\left(\frac{6}{2}-1\right)+1\right\}} \exp\left(-\dfrac{\dfrac{(\mu_\text{가}-\mu)^2}{2}+\cdots+\dfrac{(\mu_\text{바}-\mu)^2}{2}}{\omega^2}\right)$

■ $\pi(\mu_\text{가} \mid \nu^2, \mu_\text{나}, \mu_\text{다}, \mu_\text{라}, \mu_\text{마}, \mu_\text{바}, \mu, \omega^2, x_\text{가1}, \cdots, x_\text{바25})$의 정리

$$\pi(\mu_\text{가} \mid \nu^2, \mu_\text{나}, \mu_\text{다}, \mu_\text{라}, \mu_\text{마}, \mu_\text{바}, \mu, \omega^2, x_\text{가1}, \cdots, x_\text{바25}) \propto \exp\left\{-\frac{1}{2}\left(\frac{30(\mu_\text{가} - \bar{x}_\text{가})^2}{\nu^2} + \frac{(\mu_\text{가} - \mu)^2}{\omega^2}\right)\right\}$$

$$\propto \exp\left\{-\frac{\left(\mu_\text{가} - \dfrac{\dfrac{30\bar{x}_\text{가}}{\nu^2} + \dfrac{\mu}{\omega^2}}{\dfrac{30}{\nu^2} + \dfrac{1}{\omega^2}}\right)^2}{2\left(\dfrac{1}{\sqrt{\dfrac{30}{\nu^2} + \dfrac{1}{\omega^2}}}\right)^2}\right\}$$

> 211쪽을 참조하기 바랍니다.

> $\mu_\text{나}$나 $\mu_\text{다}$도 이와 똑같이 정리할 수 있습니다.

■ $\pi(\mu \mid \nu^2, \mu_\text{가}, \cdots, \mu_\text{바}, \omega^2, x_\text{가1}, \cdots, x_\text{바25})$의 정리

$$\pi(\mu \mid \nu^2, \mu_\text{가}, \cdots, \mu_\text{바}, \omega^2, x_\text{가1}, \cdots, x_\text{바25})$$
$$\propto \exp\left(-\frac{(\mu_\text{가} - \mu)^2 + (\mu_\text{나} - \mu)^2 + (\mu_\text{다} - \mu)^2 + (\mu_\text{라} - \mu)^2 + (\mu_\text{마} - \mu)^2 + (\mu_\text{바} - \mu)^2}{2\omega^2}\right)$$

$$\begin{aligned}
&(\mu_\text{가} - \mu)^2 + (\mu_\text{나} - \mu)^2 + (\mu_\text{다} - \mu)^2 + (\mu_\text{라} - \mu)^2 + (\mu_\text{마} - \mu)^2 + (\mu_\text{바} - \mu)^2 \\
&= 6\mu^2 - 2(\mu_\text{가} + \mu_\text{나} + \mu_\text{다} + \mu_\text{라} + \mu_\text{마} + \mu_\text{바})\mu + \mu_\text{가}^2 + \mu_\text{나}^2 + \mu_\text{다}^2 + \mu_\text{라}^2 + \mu_\text{마}^2 + \mu_\text{바}^2 \\
&= 6\left(\mu - \frac{\mu_\text{가} + \mu_\text{나} + \mu_\text{다} + \mu_\text{라} + \mu_\text{마} + \mu_\text{바}}{6}\right)^2 + [\mu\text{와는 무관한 항}]
\end{aligned}$$

$$\propto \exp\left\{-\frac{1}{2}\left(\frac{6}{\omega^2}\right)\left(\mu - \frac{\mu_{가} + \mu_{나} + \mu_{다} + \mu_{라} + \mu_{마} + \mu_{바}}{6}\right)^2\right\}$$

$$= \exp\left\{-\frac{\left(\mu - \dfrac{\mu_{가} + \mu_{나} + \mu_{다} + \mu_{라} + \mu_{마} + \mu_{바}}{6}\right)^2}{2\left(\dfrac{\omega}{\sqrt{6}}\right)^2}\right\}$$

Step 6

$^{(0)}\nu^2$과 $^{(0)}\mu$와 $^{(0)}\omega^2$의 값을 정의한다.

Step 7

① $N\left(\dfrac{\dfrac{30\bar{x}_{가}}{^{(0)}\nu^2} + \dfrac{^{(0)}\mu}{^{(0)}\omega^2}}{\dfrac{30}{^{(0)}\nu^2} + \dfrac{1}{^{(0)}\omega^2}},\ \left(\dfrac{1}{\sqrt{\dfrac{30}{^{(0)}\nu^2} + \dfrac{1}{^{(0)}\omega^2}}}\right)^2\right)$ 의 난수인 $^{(1)}\mu_{가}$를 생성한다. 마찬가지로 $^{(1)}\mu_{나}$와 $\cdots$와 $^{(1)}\mu_{바}$를 생성한다.

② $N\left(\dfrac{^{(1)}\mu_{가} + \cdots + {}^{(1)}\mu_{바}}{6},\ \left(\dfrac{^{(0)}\omega}{\sqrt{6}}\right)^2\right)$ 의 난수인 $^{(1)}\mu$를 생성한다.

③ $IG\left(\dfrac{6}{2} - 1,\ \dfrac{(^{(1)}\mu_{가} - {}^{(1)}\mu)^2}{2} + \cdots + \dfrac{(^{(1)}\mu_{바} - {}^{(1)}\mu)^2}{2}\right)$ 의 난수인 $^{(1)}\omega^2$를 생성한다.

④ $IG\left(\alpha + \dfrac{30 + 25 + 30 + 25 + 28 + 25}{2},\ \beta + \dfrac{S_{가} + 30(^{(1)}\mu_{가} - \bar{x}_{가})^2}{2} + \cdots + \dfrac{S_{바} + 25(^{(1)}\mu_{바} - \bar{x}_{바})^2}{2}\right)$

의 난수인 $^{(1)}\nu^2$를 생성한다.

Step 8

Step 7과 똑같은 행위를 계속 반복하여 추정값을 구한다.

150,000번 반복한 결과 130,001번째부터 150,000번째까지의 난수로 추정값을 구했다. 결과는 다음 표와 같다.

	95% 신뢰 구간	사후 중앙값	사후 기댓값 E	사후 분산 V
$\mu_{가}$	[275.5, 328.7]	301.3	301.6	183.5
$\mu_{나}$	[259.1, 314.4]	286.6	286.6	198.0
$\mu_{다}$	[220.3, 273.1]	246.7	246.8	180.4
$\mu_{라}$	[257.3, 312.1]	284.0	284.2	195.8
$\mu_{마}$	[223.5, 276.9]	250.7	250.6	187.0
$\mu_{바}$	[234.4, 289.6]	262.7	262.6	196.1
μ	[226.7, 317.6]	271.9	272.0	572.4
ω^2	[183.6, 16542.1]	1310.9	3337.6	358907876.5
ν^2	[4490.1, 7025.9]	5565.9	5616.6	418418.8

가 대학과 나 대학과 …과 바 대학이 분석에 선정된 것은 무작위로 추출된 우연의 결과에 지나지 않습니다. 그러므로 이 6개 대학의 추정값은 편의상 위의 표와 같이 구해졌지만 이러쿵 저러쿵 논의하는 데는 그다지 의미가 없습니다. 물론 논의해서는 안 된다는 것은 아닙니다.

X_{ij}의 분산은 자세한 설명은 생략하지만 v^2+w^2입니다. 따라서 $\dfrac{w^2}{v^2+w^2}$은 대학 간의 차이가 X_{ij}의 분산에 점유하는 비율을 의미합니다. 이 차가 클수록, 즉 학교 간의 격차가 있는 것입니다.

이 예에서 X_{ij}의 가정은

$$X_{ij} \sim N(\mu_i, \nu^2)$$

였습니다. 어쩌면 X_{ij}에는 한 달 아르바이트비가 영향을 줄지 모릅니다. 한 달 아르바이트비도 고려하여 분석하고 싶은 경우는 △△ 신문사는 그 구체적인 값을 응답자에게 물어보고

$X_{ij} \sim N(az_{ij} + b_i, \nu^2)$, 즉 $X_{ij} = az_{ij} + b_i + e_{ij}$

으로 가정하면 좋을 것입니다. z_{ij}의 의미는 '대학 i에서 j번째로 추출한 하숙생의 한 달 아르바이트비'입니다.

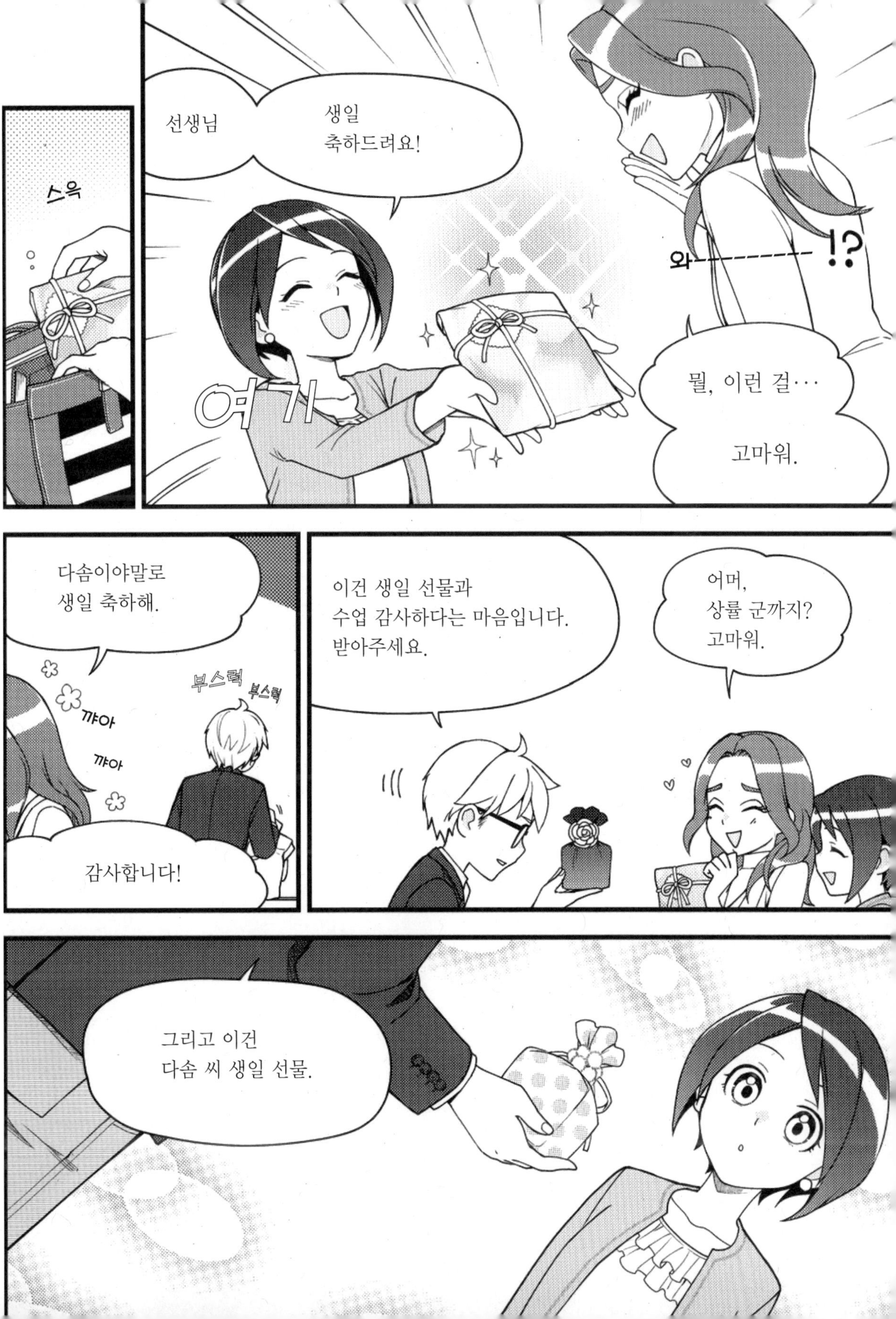

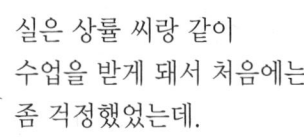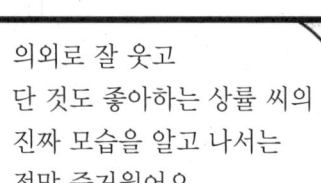

제6장 마르코프 연쇄 몬테카를로 방법의 활용 예

저 두 사람 앞으로 어떻게 되려나···.

어떻게 되겠나?

두 사람의 관계가 발전할 확률은 얼마일 것 같나?

글쎄요···

으아! 깜짝이야!

언제부터···

부록

1. 사전 분포에 대한 전제와 사후 분포
2. 수렴의 판단

1. 사전 분포에 대한 전제와 사후 분포

159쪽의 예에서는 사전 확률밀도 함수와 가능도 함수와 사후 확률밀도 함수의 관계를 다음과 같이 정의했습니다.

$$\pi(\mu, \sigma^2 | x, \cdots, x_n) \propto f(x_1, \cdots, x_n | \mu, \sigma^2) \times \pi(\mu, \sigma^2)$$
$$= f(x_1, \cdots, x_n | \mu, \sigma^2) \times \pi(\mu) \times \pi(\sigma^2)$$

또한 사전 분포는 다음과 같이 정의했습니다.

- $\mu \sim U(0, C_1)$

- $\sigma^2 \sim U(0, C_2)$

이러한 전제로부터 도출되는 조건부 사후 분포는 다음과 같았습니다.

- $\mu | \sigma^2, x_1, \cdots, x_n \sim N\left(\bar{x}, \left(\dfrac{\sigma}{\sqrt{n}}\right)^2\right)$

- $\sigma^2 | \mu, x_1, \cdots, x_n \sim IG\left(\dfrac{n}{2}-1, \dfrac{S+n(\mu-\bar{x})^2}{2}\right)$

이 조건부 사후 분포를 'type A'라고 부르기로 하겠습니다.

    당연한 이야기이지만 사전 분포에 대한 전제가 바뀌면 도출되는 사후 분포도 바뀝니다. 구체적으로 어떻게 바뀌는지 159쪽의 예를 들어 2가지 보여 드리겠습니다.

    편의상 난수를 피하기 위해 편차제곱합을 S가 아니라 S_x로 표기하겠습니다.

1.1 Type B

Step 1 사전 확률밀도 함수와 가능도 함수와 사후 확률밀도 함수의 관계를 확인한다.

$$\pi(\mu, \sigma^2 | x_1, \cdots, x_n) \propto f(x_1, \cdots, x_n | \mu, \sigma^2) \times \pi(\mu, \sigma^2)$$
$$= f(x_1, \cdots, x_n | \mu, \sigma^2) \times \pi(\mu) \times \pi(\sigma^2)$$

Step 2

사전 확률밀도 함수를 정의한다.

사전 분포를 자연스러운 공액사전분포의 성질을 살리기 위해 다음과 같이 정의한다.

- $\mu \sim N(m, s^2)$

- $\sigma^2 \sim IG(\alpha, \beta)$

즉, 사전 확률밀도 함수인 $\pi(\mu)$와 $\pi(\sigma^2)$을 다음과 같이 정의한다. 또한 m과 s와 α와 β는 여기서는 문자로 표기했지만 실제로는 분석자가 구체적인 값을 설정해야 한다.

- $\pi(\mu) = \dfrac{1}{\sqrt{2\pi}s} \exp\left(-\dfrac{(\mu-m)^2}{2s^2}\right) \propto \exp\left(-\dfrac{(\mu-m)^2}{2s^2}\right)$

- $\pi(\sigma^2) = \dfrac{\beta^\alpha}{\Gamma(\alpha)} (\sigma^2)^{-(\alpha+1)} \exp\left(-\dfrac{\beta}{\sigma^2}\right) \propto (\sigma^2)^{-(\alpha+1)} \exp\left(-\dfrac{\beta}{\sigma^2}\right)$

Step 3

가능도 함수를 정리한다.

163쪽과 마찬가지로 다음과 같이 정리할 수 있다.

$$f(x_1, \cdots, x_n \mid \mu, \sigma^2) \propto (\sigma^2)^{-\frac{n}{2}} \exp\left(-\dfrac{S_x + n(\mu-\bar{x})^2}{2\sigma^2}\right)$$

Step 4

사후 확률밀도 함수를 정리한다.

$$\pi(\mu, \sigma^2 | x_1, \cdots, x_n)$$
$$\propto f(x_1, \cdots, x_n | \mu, \sigma^2) \times \pi(\mu) \times \pi(\sigma^2)$$
$$\propto (\sigma^2)^{-\frac{n}{2}} \exp\left(-\frac{S_x + n(\mu - \bar{x})^2}{2\sigma^2}\right) \times \exp\left(-\frac{(\mu - m)^2}{2s^2}\right) \times (\sigma^2)^{-(\alpha+1)} \exp\left(-\frac{\beta}{\sigma^2}\right)$$
$$= (\sigma^2)^{-\left\{\left(\alpha + \frac{n}{2}\right)+1\right\}} \exp\left\{-\frac{S_x + n(\mu - \bar{x})^2 + 2\beta}{2\sigma^2} - \frac{(\mu - m)^2}{2s^2}\right\}$$

Step 5

조건부 사후 확률밀도 함수를 정리한다.

계산이 번잡하므로 결론부터 말하면 조건부 사후 분포는 다음과 같다.

- $\mu | \sigma^2, x_1, \cdots, x_n \sim N\left(\dfrac{\dfrac{n\bar{x}}{\sigma^2} + \dfrac{m}{s^2}}{\dfrac{n}{\sigma^2} + \dfrac{1}{s^2}}, \left(\dfrac{1}{\sqrt{\dfrac{n}{\sigma^2} + \dfrac{1}{s^2}}}\right)^2\right)$

- $\sigma^2 | \mu, x_1, \cdots, x_n \sim IG\left(\alpha + \dfrac{n}{2}, \beta + \dfrac{S_x + n(\mu - \bar{x})^2}{2}\right)$

이에 대응하는 조건부 사후 확률밀도 함수는 다음과 같다.

■ $\pi(\sigma^2 | \mu, x_1, \cdots, x_n)$의 정리

$$\pi(\sigma^2 | \mu, x_1, \cdots, x_n) \propto (\sigma^2)^{-\left\{\left(\alpha + \frac{n}{2}\right)+1\right\}} \exp\left\{-\frac{\beta + \dfrac{S_x + n(\mu - \bar{x})^2}{2}}{\sigma^2}\right\}$$

■ $\pi(\mu, \mid \sigma^2, x_1, \cdots, x_n)$의 정리

$\pi(\mu \mid \sigma^2, x_1, \cdots, x_n)$
$\propto \exp\left\{-\dfrac{1}{2}\left(\dfrac{n(\mu-\overline{x})^2}{\sigma^2}+\dfrac{(\mu-m)^2}{s^2}\right)\right\}$

$$\dfrac{n(\mu-\overline{x})^2}{\sigma^2}+\dfrac{(\mu-m)^2}{s^2}$$
$$=\dfrac{n}{\sigma^2}\mu^2-2\dfrac{n\overline{x}}{\sigma^2}\mu+\dfrac{n(\overline{x})^2}{\sigma^2}+\dfrac{1}{s^2}\mu^2-2\dfrac{m}{s^2}\mu+\dfrac{m^2}{s^2}$$
$$=\left(\dfrac{n}{\sigma^2}+\dfrac{1}{s^2}\right)\mu^2-2\left(\dfrac{n\overline{x}}{\sigma^2}+\dfrac{m}{s^2}\right)\mu+\dfrac{n(\overline{x})^2}{\sigma^2}+\dfrac{m^2}{s^2}$$
$$=\left(\dfrac{n}{\sigma^2}+\dfrac{1}{s^2}\right)\left(\mu-\dfrac{\dfrac{n\overline{x}}{\sigma^2}+\dfrac{m}{s^2}}{\dfrac{n}{\sigma^2}+\dfrac{1}{s^2}}\right)^2-\left(\dfrac{n}{\sigma^2}+\dfrac{1}{s^2}\right)\left(\dfrac{\dfrac{n\overline{x}}{\sigma^2}+\dfrac{m}{s^2}}{\dfrac{n}{\sigma^2}+\dfrac{1}{s^2}}\right)^2+\dfrac{n(\overline{x})^2}{\sigma^2}+\dfrac{m^2}{s^2}$$

$=\exp\left\{-\dfrac{1}{2}\left(\dfrac{n}{\sigma^2}+\dfrac{1}{s^2}\right)\left(\mu-\dfrac{\dfrac{n\overline{x}}{\sigma^2}+\dfrac{m}{s^2}}{\dfrac{n}{\sigma^2}+\dfrac{1}{s^2}}\right)^2\right\}\times\exp\left\{-\dfrac{1}{2}\left(-\left(\dfrac{n}{\sigma^2}+\dfrac{1}{s^2}\right)\left(\dfrac{\dfrac{n\overline{x}}{\sigma^2}+\dfrac{m}{s^2}}{\dfrac{n}{\sigma^2}+\dfrac{1}{s^2}}\right)^2+\dfrac{n(\overline{x})^2}{\sigma^2}+\dfrac{m^2}{s^2}\right)\right\}$

$\propto \exp\left\{-\dfrac{1}{2}\left(\dfrac{n}{\sigma^2}+\dfrac{1}{s^2}\right)\left(\mu-\dfrac{\dfrac{n\overline{x}}{\sigma^2}+\dfrac{m}{s^2}}{\dfrac{n}{\sigma^2}+\dfrac{1}{s^2}}\right)^2\right\}$

$=\exp\left\{-\dfrac{\left(\mu-\dfrac{\dfrac{n\overline{x}}{\sigma^2}+\dfrac{m}{s^2}}{\dfrac{n}{\sigma^2}+\dfrac{1}{s^2}}\right)^2}{2\left(\dfrac{1}{\sqrt{\dfrac{n}{\sigma^2}+\dfrac{1}{s^2}}}\right)^2}\right\}$

1.2 Type C

Step 1

사전 확률밀도 함수와 가능도 함수와 사후 확률밀도 함수의 관계를 확인한다.

사전 확률밀도 함수 $\pi(\mu, \sigma^2)$에 대해 다음과 같이 정의한다

$$\pi(\mu, \sigma^2) = \pi(\mu \mid \sigma^2) \times \pi(\sigma^2)$$

따라서 다음과 같다.

$$\pi(\mu, \sigma^2 \mid x_1, \cdots, x_n) \propto f(x_1, \cdots, x_n \mid \mu, \sigma^2) \times \pi(\mu, \sigma^2)$$
$$= f(x_1, \cdots, x_n \mid \mu, \sigma^2) \times \pi(\mu \mid \sigma^2) \times \pi(\sigma^2)$$

Step 2

사전 확률밀도 함수를 정의한다.

사전 분포를 다음과 같이 정의한다.

- $\mu \mid \sigma^2 \sim N\left(m, \left(\dfrac{\sigma}{\sqrt{s}}\right)^2\right)$

- $\sigma^2 \sim IG(\alpha, \beta)$

즉, $\pi(\mu \mid \sigma^2)$와 $\pi(\sigma^2)$을 다음과 같이 정의한다. 또한 m과 s와 α와 β는 여기서는 문자로 표기했지만 실제로는 분석자가 구체적인 값을 설정해야 한다.

- $\pi(\mu \mid \sigma^2) = \dfrac{1}{\sqrt{2\pi}\,\dfrac{\sigma}{\sqrt{s}}} \exp\left(-\dfrac{(\mu-m)^2}{2\left(\dfrac{\sigma}{\sqrt{s}}\right)^2}\right) \propto (\sigma^2)^{-\frac{1}{2}} \exp\left(-\dfrac{s(\mu-m)^2}{2\sigma^2}\right)$

- $\pi(\sigma^2) = \dfrac{\beta^\alpha}{\Gamma(\alpha)} (\sigma^2)^{-(\alpha+1)} \exp\left(-\dfrac{\beta}{\sigma^2}\right) \propto (\sigma^2)^{-(\alpha+1)} \exp\left(-\dfrac{\beta}{\sigma^2}\right)$

Step 3

가능도 함수를 정리한다.

163쪽과 마찬가지로 다음과 같이 정리할 수 있다.

$$f(x_1,\cdots,x_n\mid\mu,\sigma^2)\propto(\sigma^2)^{-\frac{n}{2}}\exp\left(-\frac{S_x+n(\mu-\overline{x})^2}{2\sigma^2}\right)$$

Step 4

사후 확률밀도 함수를 정리한다.

$$\pi(\mu,\ \sigma^2\mid x_1,\cdots,x_n)$$
$$\propto f(x_1,\cdots,x_n\mid\mu,\sigma^2)\times\pi(\mu\mid\sigma^2)\times\pi(\sigma^2)$$
$$\propto(\sigma^2)^{-\frac{n}{2}}\exp\left(-\frac{S_x+n(\mu-\overline{x})^2}{2\sigma^2}\right)\times(\sigma^2)^{-\frac{1}{2}}\exp\left(-\frac{s(\mu-m)^2}{2\sigma^2}\right)\times(\sigma^2)^{-(\alpha+1)}\exp\left(-\frac{\beta}{\sigma^2}\right)$$
$$=(\sigma^2)^{-\left\{\left(\alpha+\frac{n+1}{2}\right)+1\right\}}\exp\left(-\frac{S_x+n(\mu-\overline{x})^2+s(\mu-m)^2+2\beta}{2\sigma^2}\right)$$

$$\boxed{\begin{aligned}&n(\mu-\overline{x})^2+s(\mu-m)^2\\&=n(\mu^2-2\overline{x}\mu+(\overline{x})^2)+s(\mu^2-2m\mu+m^2)\\&=(n+s)\mu^2-2(n\overline{x}+ms)\mu+n(\overline{x})^2+m^2s\\&=(n+s)\left\{\left(\mu-\frac{n\overline{x}+ms}{n+s}\right)^2-\left(\frac{n\overline{x}+ms}{n+s}\right)^2\right\}+n(\overline{x})^2+m^2s\\&=(n+s)\left(\mu-\frac{n\overline{x}+ms}{n+s}\right)^2-\frac{(n\overline{x}+ms)^2}{n+s}+\frac{(n+s)(n(\overline{x})^2+m^2s)}{n+s}\\&=(n+s)\left(\mu-\frac{n\overline{x}+ms}{n+s}\right)^2+\frac{-(n\overline{x})^2-2(n\overline{x})(ms)-(ms)^2}{n+s}+\frac{(n\overline{x})^2+m^2ns+ns(\overline{x})^2+(ms)^2}{n+s}\\&=(n+s)\left(\mu-\frac{n\overline{x}+ms}{n+s}\right)^2+\frac{ns(-2\overline{x}m+m^2+(\overline{x})^2)}{n+s}\\&=(n+s)\left(\mu-\frac{n\overline{x}+ms}{n+s}\right)^2+\frac{ns(\overline{x}-m)^2}{n+s}\end{aligned}}$$

$$=(\sigma^2)^{-\left\{\left(\alpha+\frac{n+1}{2}\right)+1\right\}}\exp\left\{-\frac{(n+s)\left(\mu-\frac{n\overline{x}+ms}{n+s}\right)^2+\frac{ns(\overline{x}-m)^2}{n+s}+S_x+2\beta}{2\sigma^2}\right\}$$

Step 5

조건부 사후 확률밀도 함수를 정리한다.

조건부 사후 확률밀도 함수는 다음과 같다.

- $\pi(\mu \mid \sigma^2, x_1, \cdots, x_n) \propto \exp\left\{-\dfrac{(n+s)\left(\mu - \dfrac{n\bar{x}+ms}{n+s}\right)^2}{2\sigma^2}\right\} = \exp\left\{-\dfrac{\left(\mu - \dfrac{n\bar{x}+ms}{n+s}\right)^2}{2\left(\dfrac{\sigma}{\sqrt{n+s}}\right)^2}\right\}$

- $\pi(\sigma^2 \mid \mu, x_1, \cdots, x_n) \propto (\sigma^2)^{-\left[\left(\alpha + \frac{n+1}{2}\right)+1\right]} \exp\left\{-\dfrac{\beta + \dfrac{S_x + (n+s)\left(\mu - \dfrac{n\bar{x}+ms}{n+s}\right)^2 + \dfrac{ns(\bar{x}-m)^2}{n+s}}{2}}{\sigma^2}\right\}$

1.3 정리

지금까지 설명한 3가지 타입의 사전 분포와 조건부 사후 분포를 정리하면 아래 표와 같습니다.

지면 관계상 조건부 사후 분포란에서 '$\mu \mid \sigma^2, x_1, \cdots, x_n$'는 '$\mu \mid \sigma^2$'로 표기하고, '$\sigma^2 \mid \mu, x_1, \cdots, x_n$'는 '$\sigma^2 \mid \mu$'로 표기했습니다.

	사전 분포	조건부 사후 분포
Type A	$\mu \sim U(0, C_1)$ $\sigma^2 \sim U(0, C_2)$	$\mu \mid \sigma^2 \sim N\left(\bar{x}, \left(\dfrac{\sigma}{\sqrt{n}}\right)^2\right)$ $\sigma^2 \mid \mu \sim IG\left(\dfrac{n}{2}-1, \dfrac{S_x + n(\mu-\bar{x})^2}{2}\right)$
Type B	$\mu \sim N(m, s^2)$ $\sigma^2 \sim IG(\alpha, \beta)$	$\mu \mid \sigma^2 \sim N\left(\dfrac{\frac{n\bar{x}}{\sigma^2} + \frac{m}{s^2}}{\frac{n}{\sigma^2} + \frac{1}{s^2}}, \left(\dfrac{1}{\sqrt{\frac{n}{\sigma^2} + \frac{1}{s^2}}}\right)^2\right)$ $\sigma^2 \mid \mu \sim IG\left(\alpha + \dfrac{n}{2}, \beta + \dfrac{S_x + n(\mu-\bar{x})^2}{2}\right)$
Type C	$\mu \mid \sigma^2 \sim N\left(m, \left(\dfrac{\sigma}{\sqrt{s}}\right)^2\right)$ $\sigma^2 \sim IG(\alpha, \beta)$	$\mu \mid \sigma^2 \sim N\left(\dfrac{n\bar{x}+ms}{n+s}, \left(\dfrac{\sigma}{\sqrt{n+s}}\right)^2\right)$ $\sigma^2 \mid \mu \sim IG\left(\alpha + \dfrac{n+1}{2}, \beta + \dfrac{S_x + (n+s)\left(\mu - \frac{n\bar{x}+ms}{n+s}\right)^2 + \frac{ns(\bar{x}-m)^2}{n+s}}{2}\right)$

α와 β의 값은 모두 거의 0이라고 합시다. 위의 표에서 알 수 있듯이 Type B에서 조건부 사후 분포는 s의 값을 크게 정의했다면 Type A의 조건부 사후 분포와 거의 일치합니다. Type C에서 조건부 사후 분포는 s의 값을 0 정도로 정의했다면 Type A의 조건부 사후 분포와 거의 일치합니다.

2. 수렴의 판단

마르코프 연쇄가 불변분포에 이르는 것을 **수렴**이라고 합니다.
154쪽에서는 불변분포인 사후 분포에 마르코프 연쇄가 수렴했는지 아닌지를 그래프로 판단했습니다. 여기서는 좀 더 수학적으로 판단하는 방법을 2가지 소개하겠습니다.
추정값을 구하고 싶은 파라미터는 하나뿐이며, 그것을 θ라고 합시다.

2.1 Geweke 방법

Geweke 방법은 간단히 말하면 생성된 난수의 맨 처음과 마지막의 평균이 똑같은지 아닌지를 확인하는 것입니다.

구체적으로 설명하면 154쪽과 똑같은 그래프를 그렸을 때 1번째부터 T번째까지의 난수를 제외한 $^{(T+1)}\theta, {}^{(T+2)}\theta, \cdots, {}^{(T+\tau)}\theta$의 값이 안정된 것 같다고 합시다. 그러면 먼저

- $\bar{\theta}_A = \dfrac{{}^{(T+1)}\theta + {}^{(T+2)}\theta + \cdots + {}^{(T+n_A)}\theta}{n_A}$

- $\bar{\theta}_B = \dfrac{{}^{(T+\tau)}\theta + {}^{(T+\tau-1)}\theta + \cdots + {}^{(T+\tau-(n_B-1))}\theta}{n_B}$

을 구합니다[1]. 해당 마르코프 연쇄가 수렴하고 있다면 $\bar{\theta}_A$의 값과 $\bar{\theta}_B$의 값은 큰 차이가 없을 것입니다. 그 다음 해당 마르코프 연쇄가 수렴하고 있다면

- $^{(T+1)}\theta, {}^{(T+2)}\theta, \cdots, {}^{(T+n_A)}\theta$ 를 **구성 요소로 하는 표본**
- $^{(T+\tau)}\theta, {}^{(T+\tau-1)}\theta, \cdots, {}^{(T+\tau-(n_B-1))}\theta$ 를 **구성 요소로 하는 표본**

은 모두 동일한 모집단으로부터 추출되었다고 말할 수 있습니다. 마지막으로

$$Z = \frac{\bar{\theta}_A - \bar{\theta}_B}{\sqrt{\hat{V}(\bar{\theta}_A) + \hat{V}(\bar{\theta}_B)}} \sim N(0, 1)$$

이라는 관계[2]가 근사적으로 성립한다는 것을 고려하여 일반 통계학에서의 통계적 가설 검정을 시행합니다. 귀무가설과 대립가설은 다음 페이지와 같습니다.

---

1 $\begin{cases} n_A = 0.1\tau \\ n_B = 0.5\tau \end{cases}$ 으로 하는 것이 일반적인 듯 합니다.

2 $\hat{V}(\bar{\theta}_A)$는 $\bar{\theta}_A$의 분산의 추정값을 의미하며 $\hat{V}(\bar{\theta}_B)$는 $\bar{\theta}_B$의 분산의 추정값을 의미합니다.

귀무가설	해당 마르코프 연쇄는 수렴하고 있다. 다시 말하면 $\mu_A = \mu_B$이다.
대립가설	해당 마르코프 연쇄는 수렴하고 있지 않다. 다시 말하면 $\mu_A \neq \mu_B$이다.

179쪽에서 설명했듯이 통계적 가설 검정에서 '대립가설은 올바르다'라는 결론을 얻지 못했다면 '귀무가설이 틀렸다고 할 수 없다'고 결론짓습니다. 단, Geweke 방법에서는 그렇지 않으면 통계적 가설 검정을 시행한 의미가 없으므로 과감하게 '귀무가설은 올바르다'고 판단합니다.

2.2 Gelman-Rubin 방법

Gelman-Rubin 방법은 초깃값이 다른 m개의 모든 마르코프 연쇄가 수렴하고 있는지 아닌지를 확인하는 방법입니다.

구체적으로 설명하자면 154쪽과 똑같은 그래피를 그렸을 때 첫 번째부터 T번째까지의 난수를 제외한

$$\begin{cases} {}^{(1,T+1)}\theta, \ {}^{(1,T+2)}\theta, \ \cdots, \ {}^{(1,T+\tau)}\theta \\ {}^{(2,T+1)}\theta, \ {}^{(2,T+2)}\theta, \ \cdots, \ {}^{(2,T+\tau)}\theta \\ \cdots\cdots\cdots\cdots\cdots\cdots\cdots\cdots\cdots\cdots \\ {}^{(m,T+1)}\theta, \ {}^{(m,T+2)}\theta, \ \cdots, \ {}^{(m,T+\tau)}\theta \end{cases}$$

이라는 m개의 모든 값이 안정되었다고 합시다. 그렇다면 먼저

$$\begin{cases} \overline{\theta}_1 = \dfrac{{}^{(1,T+1)}\theta + {}^{(1,T+2)}\theta + \cdots + {}^{(1,T+\tau)}\theta}{\tau} \\ \overline{\theta}_2 = \dfrac{{}^{(2,T+1)}\theta + {}^{(2,T+2)}\theta + \cdots + {}^{(2,T+\tau)}\theta}{\tau} \\ \cdots\cdots\cdots\cdots\cdots\cdots\cdots\cdots\cdots\cdots\cdots\cdots \\ \overline{\theta}_m = \dfrac{{}^{(m,T+1)}\theta + {}^{(m,T+2)}\theta + \cdots + {}^{(m,T+\tau)}\theta}{\tau} \end{cases}$$

$$\overline{\theta} = \dfrac{\overline{\theta}_1 + \overline{\theta}_2 + \cdots + \overline{\theta}_m}{m}$$

을 구합니다. 그 다음,

- $\hat{V}_B(\theta) = \dfrac{(\overline{\theta}_1 - \overline{\overline{\theta}})^2 \times \tau + \cdots + (\overline{\theta}_m - \overline{\overline{\theta}})^2 \times \tau}{m-1}$

- $\hat{V}_W(\theta) = \dfrac{1}{m} \left\{ \dfrac{(^{(1,T+1)}\theta - \overline{\theta}_1)^2 + \cdots + (^{(1,T+\tau)}\theta - \overline{\theta}_1)^2}{\tau - 1} + \cdots + \dfrac{(^{(m,T+1)}\theta - \overline{\theta}_m)^2 + \cdots + (^{(m,T+\tau)}\theta - \overline{\theta}_m)^2}{\tau - 1} \right\}$

을 구합니다. $\hat{V}_B(\theta)$는 m개의 마르코프 연쇄의 분산 정도를 의미하고 있으며, $\hat{V}_W(\theta)$는 한 개의 마르코프 연쇄의 분산 정도를 의미하고 있습니다. 또한 m개의 마르코프 연쇄가 모두 수렴하고 있다면 불변분포인 사후 분포에서 θ의 분산 $V(\theta)$에 대해

$$V(\theta) \approx \dfrac{\tau - 1}{\tau} \hat{V}_W(\theta) + \dfrac{1}{\tau} \hat{V}_B(\theta)$$

이라는 관계가 성립한다고 알려져 있습니다[3]. 마지막으로

$$\hat{R} = \dfrac{\dfrac{\tau - 1}{\tau} \hat{V}_W(\theta) + \dfrac{1}{\tau} \hat{V}_B(\theta)}{\hat{V}_W(\theta)}$$

을 구합니다.
$\hat{R}$을 바꿔쓰면 다음과 같습니다.

$$\begin{aligned}
\hat{R} &= \dfrac{\dfrac{\tau - 1}{\tau} \hat{V}_W(\theta) + \dfrac{1}{\tau} \hat{V}_B(\theta)}{\hat{V}_W(\theta)} \\
&= \dfrac{\tau - 1}{\tau} + \dfrac{1}{\tau} \times \dfrac{\hat{V}_B(\theta)}{\hat{V}_W(\theta)} \\
&= 1 - \dfrac{1}{\tau} + \dfrac{1}{\tau} \times \dfrac{\hat{V}_B(\theta)}{\hat{V}_W(\theta)} \\
&= 1 + \dfrac{1}{\tau} \left(\dfrac{\hat{V}_B(\theta)}{\hat{V}_W(\theta)} - 1 \right)
\end{aligned}$$

수렴하지 않는 마르코프 연쇄가 하나라도 있다면 m개의 마르코프 연쇄의 분산 정도인 $\hat{V}_B(\theta)$의 값이 커지므로 $\hat{R}$ 값도 커집니다. $\hat{R} < 1.2$ 정도면 m개의 마르코프 연쇄가 모두 수렴하고 있다고 판단합니다.

---

3 엄밀히 말하면 $\dfrac{\tau - 1}{\tau} \hat{V}_W(\theta) + \dfrac{1}{\tau} \hat{V}_B(\theta)$은 $V(\theta)$의 불편 추정값입니다.

참고문헌

이바 유키토 외 『계산통계 II』 (岩波書店) 2005
고니시 사다노리, 오치 요시미치, 오모리 야스히로 『계산통계학의 방법』 (朝倉書店) 2008
사카모토 요시유키, 이시구로 마키코, 기타가와 겐시로 『정보량 통계학』 (共立出版) 1983
스즈키 다케시, 야마다 사쿠타로 『수리통계학』 (內田老鶴圃) 1996
다카하시 신 『바쁜 당신을 위한 레스Q! 의료통계학』 (東京図書) 2011
단고 토시히로, 다에코 벡 『베이지안 통계해석의 실제』 (朝倉書店) 2011
토요다 히데키(편) 『마르코프 연쇄 몬테카를로 방법』 (朝倉書店) 2008
토요다 히데키 『기초부터 배우는 베이즈 통계학』 (朝倉書店) 2015
나카쓰마 테루오 『입문 베이즈 통계학』 (朝倉書店) 2007
노다 카즈오, 미야오카 에쓰오 『입문·연습 수리통계』 (共立出版) 1990
히라오카 카즈유키, 호리 겐 『프로그래밍을 위한 확률통계』 (옴사) 2009
마쓰하라 노조무 『베이즈 통계학 개설』 (培風館) 2010
미야오카 에쓰오(감역) 『의료 데이터 해석을 위한 베이즈 통계학』 (共立出版) 2016
무라타 노보루 『신판 정보이론의 기초』 (사이언스사) 2008

찾아보기

영문

- 95% 신뢰 구간 ········· 169
- EAP 추정 ········· 169
- Gelman-Rubin 방법 ········· 217
- Geweke 방법 ········· 216
- i.i.d ········· 69
- MAP 추정값 ········· 169
- MH 알고리즘 ········· 141
- t분포 ········· 50

ㄱ

- 가능도 함수 ········· 67, 80
- 가능도 ········· 78
- 가역성 조건 ········· 142
- 감마분포 ········· 52
- 감마함수 ········· 51
- 계층 베이즈 모델 ········· 187, 189
- 공액사전분포 ········· 172
- 균등분포 ········· 33, 48
- 기댓값 ········· 29, 39, 127
- 깁스 표집 ········· 159

ㄴ

- 네이피어의 수 ········· 45

ㄷ

- 다항분포 ········· 41
- 독립 ········· 44
- 동시확률 ········· 105

ㄹ

- 로그 가능도 ········· 77
- 로그 가능도 함수 ········· 81

ㅁ

- 마르코프 연쇄 몬테카를로 방법 ······ 121, 122
- 마르코프 연쇄 ········· 122, 131
- 메트로폴리스-헤이스팅스 알고리즘 ······ 141
- 모수 ········· 156
- 모평균의 차이 검정 ········· 177
- 몬테카를로 적분 ········· 122, 124

ㅂ

- 베이즈 공식 ········· 106
- 베이즈 정리 ········· 19, 100, 106
- 베이즈 통계학 ········· 13, 17
- 베타 분포 ········· 62
- 베타 함수 ········· 62
- 분산 ········· 30, 31, 128
- 불변분포 ········· 134

ㅅ

- 사전 분포 ········· 112
- 사전 확률밀도 함수 ········· 112
- 사후 기댓값 ········· 154, 169
- 사후 분산 ········· 154
- 사후 분포 ········· 112
- 사후 중앙값 ········· 169
- 사후 확률 최댓값 ········· 169

사후 확률밀도 함수	112
상세 균형 조건	142
상세 평형 조건	142
수렴	216
실현치	68

ㅇ

역감마분포	51
음이항분포	56
이항분포	34, 37

ㅈ

자연스러운 공액사전분포	172
정규분포	49
정상분포	134
정적분	46
제안분포	143
제안 확률밀도 함수	143
조건부 확률	104
조건부 확률밀도 함수	112
주관주의 확률	17
지수분포	61

ㅊ

최대 가능 추정값	80
최대 가능도 방법	79

최대 로그 가능도	84
최대 우도법	79
추이핵	135
추이확률	132
추이확률행렬	132
취보연쇄	146

ㅋ

쿨백 라이블러 발산	73, 75
큰 수의 법칙	69

ㅌ

통계적 가설 검정	177, 178
파라미터	156

ㅍ

평균	30, 127
평균 로그 가능도	77
포아송 분포	59
표준편차	30, 31

ㅎ

확률밀도 함수	47
확률변수	32
확률분포	32

저자 약력

Takahashi Shin(高橋 信)

1972년 니가타현 출생. 규슈예술공과대학(현 규수대학) 대학원 예술공학연구과 정보전달전공 졸업. 오랫동안 데이터 분석 업무 및 세미나 강사 업무에 종사한 후 현재는 저술가로 활동.
http://www.takahashishin.jp

〈저서〉
〈만화로 쉽게 배우는 통계학〉(옴사)
〈만화로 쉽게 배우는 통계학 [회귀분석편]〉(옴사)
〈만화로 쉽게 배우는 통계학 [요인분석편]〉(옴사)
〈만화로 쉽게 배우는 선형대수〉(옴사)
〈쉬운 실험 계획법〉(옴사)
〈입문 신호 처리를 위한 수학〉(옴사)
〈Excel로 배우는 코리스폰던스 분석〉(옴사)
〈바로 읽을 수 있는 생존 시간 해석〉(도쿄도서)
〈바쁜 당신을 위한 레스Q! 의료통계학〉(도쿄도서)
〈데이터 분석 입문〉(PHP 연구소)
〈일본어 교사 체험기 호북성 황강시에서의 1년간〉(Amazon Kindle)

그림   우에지 유호(上地優歩)
제작   Verte Corp.

만화로 쉽게 배우는 통계학 시리즈

만화로 쉽게 배우는 시계열 분석

다카하시 이치로 / 권기태 옮김
192쪽 / 18,000원

만화로 쉽게 배우는 수리 최적화

나카야마 슌민 지음 / 권기태 옮김
208쪽 / 18,000원

만화로 쉽게 배우는 수식 없는 데이터 분석

마츠모토 켄타로 지음 / 김성훈 옮김
208쪽 / 18,000원

만화로 쉽게 배우는 우선 이것만! 통계학 | 엑셀로 경험하는 데이터 분석

엔모 타케나와 지음 / 권기태 옮김
224쪽 / 18,000원

만화로 쉽게 배우는 통계학

다카하시 신 지음 / 김선민 옮김
224쪽 / 18,000원

만화로 쉽게 배우는 회귀분석

다카하시 신 지음 / 윤성철 옮김
224쪽 / 18,000원

만화로 쉽게 배우는 인자분석

다카하시 신 지음 / 남경현 옮김
248쪽 / 18,000원

만화로 쉽게 배우는 보건통계학 [제2판]

다큐 히로시, 코지마 다카야 지음
홍희정 옮김 / 272쪽 / 18,000원

만화로 쉽게 배우는 베이즈 통계학

원제 : マンガでわかる ベイズ統計学

2018. 7. 30. 초 판 1쇄 발행
2025. 12. 3. 초 판 2쇄 발행

지은이 | 다카하시 신(高橋 信)
그 림 | 우에지 유호(上地 優步)
감 역 | 정석오
역 자 | 이영란
제 작 | Verte Corp.
펴낸이 | 이종춘
펴낸곳 | BM (주)도서출판 성안당

주소 | 04032 서울시 마포구 양화로 127 첨단빌딩 3층(출판기획 R&D 센터)
     | 10881 경기도 파주시 문발로 112 파주 출판 문화도시(제작 및 물류)
전화 | 02) 3142-0036
     | 031) 950-6300
팩스 | 031) 955-0510
등록 | 1973. 2. 1. 제406-2005-000046호
출판사 홈페이지 | www.cyber.co.kr
ISBN | 978-89-315-8272-7 (17410)
정가 | 18,000원

이 책을 만든 사람들
책임 | 최옥현
편집 진행 | 김혜숙, 김해영
교정·교열 | 백중현
전산 편집 | 김인환
표지 디자인 | 임진영, 박원석
홍보 | 김계향, 임진성, 김주승, 최정민, 이해솔
국제부 | 이선민, 조혜란
마케팅 | 구본철, 차정욱, 오영일, 나진호, 강호묵
마케팅 지원 | 장상범
제작 | 김유석

성안당 Web 사이트

이 책은 Ohmsha와 BM (주)도서출판 성안당의 저작권 협약에 의해 공동 출판된 서적으로, BM (주)도서출판 성안당 발행인의 서면 동의 없이는 이 책의 어느 부분도 재제본하거나 재생 시스템을 사용한 복제, 보관, 전기적·기계적 복사, DTP의 도움, 녹음 또는 향후 개발될 어떠한 복제 매체를 통해서도 전용할 수 없습니다.

■ 도서 A/S 안내

성안당에서 발행하는 모든 도서는 저자와 출판사, 그리고 독자가 함께 만들어 나갑니다.
좋은 책을 펴내기 위해 많은 노력을 기울이고 있습니다. 혹시라도 내용상의 오류나 오탈자 등이 발견되면 **"좋은 책은 나라의 보배"**로서 우리 모두가 함께 만들어 간다는 마음으로 연락주시기 바랍니다. 수정 보완하여 더 나은 책이 되도록 최선을 다하겠습니다.
성안당은 늘 독자 여러분들의 소중한 의견을 기다리고 있습니다. 좋은 의견을 보내주시는 분께는 성안당 쇼핑몰의 포인트(3,000포인트)를 적립해 드립니다.
잘못 만들어진 책이나 부록 등이 파손된 경우에는 교환해 드립니다.